前言

盘点今年收获　展望明朝远景

"今年考试确实比较活了,死看书是不行的。没到过现场的人很难搞得清楚'龙门架'与'双向架桥机'有什么异同,在书上也没有现成的答案。考场监考很严格,都是按程序办事。老师'执法'公正且仁慈。带着你去上厕所,然后在旁边守着,呵呵。和我一起考的大多都是几十岁的人了,多希望自己能顺利通过啊……"读着这些的大龄考生的话,作为《建造师》的编者,我们的心里也是热乎乎的。多么希望通过我们的工作,能对他们有所帮助啊。

就是在这样一种心态下,我们编辑的2006年最后一辑《建造师》,与读者见面了。

广大建造师盼望已久的《注册建造师管理规定》(以下简称《规定》)终于出台了。《规定》明确指出:"本规定所称注册建造师,是指通过考核认定或考试合格取得中华人民共和国建造师资格证书(以下简称资格证书),并按照本规定注册,取得中华人民共和国建造师注册证书(以下简称注册证书)和执业印章,担任施工单位项目负责人及从事相关活动的专业技术人员。未取得注册证书和执业印章的,不得担任大中型建设工程项目的施工单位项目负责人,不得以注册建造师的名义从事相关活动。"

《规定》的出台,必将极大地推动我国建造师执业资格制度的健康发展。本书中江慧成的《我国建造师执业资格制度的建立、完善与发展》一文,对于我们的读者理解我国建造师执业资格制度建立、完善与发展,可以说是一篇不可多得的权威性综述文章。

2006年,在我国的历史上,将是不平凡的一年。我国加入WTO的五年过渡期已经结束了。面对世界经济全球化的发展趋势,中国建筑业如何实现可持续发展,如何推进工程总承包向纵深发展,如何加快实施"走出去"战略?我们推出的"推动工程总承包与对外承包高峰论坛"一组文章,特别是建设部副部长黄卫、商务部部长助理陈健以及建设部建筑市场管理司司长王素卿的论述,对于我们深刻理解加快制度建设,营造良好的市场环境,大力培育和发展工程总承包市场,实施"走出去"战略,增强国际竞争力,一定会有所帮助。

2007年,特别是"十一五"将是建筑业难得的发展机遇期和大有作为的时期。在新的形势下,行业发展的走势如何?读者可参阅建设部质量安全与行业发展司司长徐波谈2007年工作重点。关于明年的宏观经济形势,《中国经济形势与预测展望》一文,结合权威部门权威人士的论述,相信对于我们的读者在筹划2007年工作的过程中,会有所启示。

考试质量是建造师制度建设的基础。本书中《搞好命题工作,确保考试质量》一文围绕命题工作,对如何提高考试的效度、信度和区分度等方面进行了较为系统和深入的研究,不仅对搞好命题工作具有指导意义,同时对开展建造师命题研究也具有重要的参考价值。

作为我国建造师的权威读物,我们今后会尽可能地将业内优秀的企业,优秀的企业家以及优秀的建造师的业绩,介绍给读者。同时我们也希望广大的读者把你们了解的企业、企业家和建造师的业绩以及他们成功的案例(包括工程、项目以及技术创新)介绍给我们。也希望把你们好的论文、考试心得以及方方面面的建议告诉我们,我们将竭尽全力地为你们服务。因为我们的宗旨是"把《建造师》办成建造师之家。"

在2007年即将到来,全国的建造师和准建造师们盘点今年的收获,展望明年远景的日子里,我们预祝大家在新的一年里,有新的、更大的收获。

图书在版编目(CIP)数据

建造师.4/《建造师》编委会编.—北京:中国建筑工业出版社,2007
ISBN 978-7-112-08876-8

Ⅰ.建...Ⅱ.建...Ⅲ.建造师—资格考核—自学参考资料 Ⅳ.TU

中国版本图书馆 CIP 数据核字(2007)第 001372 号

主　　编:李春敏
副 主 编:董子华
特邀编辑:杨智慧　魏智成　白　俊

《建造师》编辑部
地　址:北京百万庄中国建筑工业出版社
邮　编:100037
电　话:(010)68331447
传　真:(010)68339774
E-mail:jzs_bjb@126.com

建造师 4
《建造师》编委会编
*
中国建筑工业出版社出版、发行(北京西郊百万庄)
新华书店经销
世界知识印刷厂印刷
*
广告经营许可证:京海工商广字第 0362 号
开本:880×1230 毫米 1/16 印张:6 字数:200 千字
2006 年 12 月第一版 2006 年 12 月第一次印刷
定价:**10.00** 元

ISBN 978-7-112-08876-8
　　　(15540)
版权所有　翻印必究
如有印装质量问题,可寄本社退换
(邮政编码 100037)

本社网址:http://www.cabp.com.cn
网上书店:http://www.china-buiding.com.cn

前　言
盘点今年收获　展望明朝远景

政策法规
1　注册建造师管理规定

专题报道
5　推进工程总承包向纵深发展　加快建筑业实施"走出去"战略
　　——记建设部、商务部在京联合举办"推动工程总承包与对外工程承包高峰论坛" 　李春敏
7　认清形势　抓住机遇　积极推动我国工程总承包和对外工程承包的健康发展
　　——在"推动工程总承包与对外承包高峰论坛"上的讲话(摘要)　黄　卫
9　我国实行工程总承包的回顾与展望
　　——在"推动工程总承包与对外承包高峰论坛"上的讲话(摘要)　王素卿

特别关注
15　建筑业发展面临新的机遇和挑战
　　——建设部质量安全与行业发展司司长徐波谈 2007 年工作重点 　李春敏　董子华
20　2007 年中国经济形势分析与预测展望 　王　佐

考试园地
25　搞好命题工作　确保考试质量 　缪长江
27　2007 年建造师考试专业将调整 　穆　晓
29　七嘴八舌话一级建造师考试 　枚　子
31　热点解答

企业家论坛
32　市场营销与建筑公司的发展 　黄克斯
35　社会责任:"君子厚德载物"
　　——破解中天的成功密码之一 　董子华

研究探索
38　我国建造师执业资格制度的建立、完善与发展 　江慧成

47 对当前施工企业法律风险防范与法律事务管理工作的几点思考

                     朱小林

50 建筑企业采购风险的防范措施与应对策略   刘 彬 杨晓辉

案例分析

54 动态分析法在投标决策中的应用
  ——非洲某国公路工程案例分析   韩周强 杨俊杰

工程实践

57 关于岭澳核电站BOP设计采购管理模式的分析和思考 沈宏瑛

61 代建制项目管理中矩阵式组织结构的探讨   唐 勇

工程法律

64 大型复杂工程承包施工承包人应慎签固定总价合同 曹文衔

67 建设工程施工合同风险管理案例   邓新娣

海外市场

69 国际建筑市场225强承包商的竞争力分析 阎长俊 樊士友 李雪莹

建造师论坛

74 工程结算管理 "二十字方针"管理模式的探讨

                     姜兴国 张 尚

78 建造师是什么类型的人才   王铭三

建造师书苑

80 读张青林同志的新作有感   华一岩

81 《中国建筑业改革与发展研究报告(2006)》   安 华

82 新书介绍

信息博览

84 综合信息

88 考试信息

88 政策法规

90 各地资讯

46 建造师职场

本社书籍可通过以下联系方法购买:

本社地址:北京西郊百万庄

邮政编码:100037

发行部电话:(010)58934816

传真:(010)68344279

邮购咨询电话:

(010)88369855 或 88369877

《建造师》顾问委员会及编委会

顾问委员会主任： 黄 卫　姚 兵

顾问委员会副主任： 赵 晨　王素卿　王早生　叶可明

顾问委员会委员（按姓氏笔画排序）：

刁永海	王松波	王燕鸣	韦忠信
乌力吉图	冯可梁	刘贺明	刘晓初
刘梅生	刘景元	孙宗诚	杨陆海
杨利华	李友才	吴昌平	忻国梁
沈美丽	张 奕	张之强	张金鳌
陈英松	陈建平	赵 敏	柴 千
骆 涛	徐义屏	逄宗展	高学斌
郭爱华	常 健	焦凤山	蔡耀恺

编委会主任： 丁士昭

编委会副主任： 江见鲸　缪长江

编委会委员（按姓氏笔画排序）：

王秀娟	王要武	王晓峥	王海滨
王雪青	王清训	石中柱	任 宏
刘伊生	孙继德	杨 青	杨卫东
李世蓉	李慧民	何孝贵	何佰洲
陆建忠	金维兴	周 钢	贺 铭
贺永年	顾慰慈	高金华	唐 涛
唐江华	焦永达	楼永良	詹书林

海外编委：

Roger. Liska(美国)

Michael Brown(英国)

George Zillante(澳大利亚)

2006年12月28日,建设部部长汪光焘签署中华人民共和国建设部第153号部令,颁布《注册建造师管理规定》。全文如下:

注册建造师管理规定

第一章 总 则

第一条 为了加强对注册建造师的管理,规范注册建造师的执业行为,提高工程项目管理水平,保证工程质量和安全,依据《建筑法》、《行政许可法》、《建设工程质量管理条例》等法律、行政法规,制定本规定。

第二条 中华人民共和国境内注册建造师的注册、执业、继续教育和监督管理,适用本规定。

第三条 本规定所称注册建造师,是指通过考核认定或考试合格取得中华人民共和国建造师资格证书(以下简称资格证书),并按照本规定注册,取得中华人民共和国建造师注册证书(以下简称注册证)和执业印章,担任施工单位项目负责人及从事相关活动的专业技术人员。

未取得注册证书和执业印章的,不得担任大中型建设工程项目的施工单位项目负责人,不得以注册建造师的名义从事相关活动。

第四条 国务院建设主管部门对全国注册建造师的注册、执业活动实施统一监督管理;国务院铁路、交通、水利、信息产业、民航等有关部门按照国务院规定的职责分工,对全国有关专业工程注册建造师的执业活动实施监督管理。

县级以上地方人民政府建设主管部门对本行政区域内的注册建造师的注册、执业活动实施监督管理;县级以上地方人民政府交通、水利、通信等有关部门在各自职责范围内,对本行政区域内有关专业工程注册建造师的执业活动实施监督管理。

第二章 注 册

第五条 注册建造师实行注册执业管理制度,注册建造师分为一级注册建造师和二级注册建造师。

取得资格证书的人员,经过注册方能以注册建造师的名义执业。

第六条 申请初始注册时应当具备以下条件:

(一)经考核认定或考试合格取得资格证书;

(二)受聘于一个相关单位;

(三)达到继续教育要求;

(四)没有本规定第十五条所列情形。

第七条 取得一级建造师资格证书并受聘于一个建设工程勘察、设计、施工、监理、招标代理、造价咨询等单位的人员,应当通过聘用单位向单位工商注册所在地的省、自治区、直辖市人民政府建设主管部门提出注册申请。

省、自治区、直辖市人民政府建设主管部门受理后提出初审意见,并将初审意见和全部申报材料报国务院建设主管部门审批;涉及铁路、公路、港口与航道、水利水电、通信与广电、民航专业的,国务院建设主管部门应当将全部申报材料送同级有关部门审核。符合条件的,由国务院建设主管部门核发《中华人民共和国一级建造师注册证书》,并核定执业印章编号。

第八条 对申请初始注册的,省、自治区、直辖市人民政府建设主管部门应当自受理申请之日起,20日内审查完毕,并将申请材料和初审意见报国务院建设主管部门。国务院建设主管部门应当自收到省、自治区、直辖市人民政府建设主管部门上报材料之日起,20日内审批完毕并作出书面决定。有关部门应当在收到国务院建设主管部门移送的申请材料之日起,10日内审核完毕,并将审核意见送国务院建设主管部门。

对申请变更注册、延续注册的,省、自治区、直辖市人民政府建设主管部门应当自受理申请之日起5日内审查完毕。国务院建设主管部门应当自收到省、自治区、直辖市人民政府建设主管部门上报材料之日起,10日内审批完毕并作出书面决定。有关部门在收到国务院建设主管部门移送的申请材料后,应当在5日内审核完毕,并将审核意见送国务院建设主管部门。

第九条 取得二级建造师资格证书的人员申请注册,由省、自治区、直辖市人民政府建设主管部门负责受理和审批,具体审批程序由省、自治区、直辖市人民政府建设主管部门依法确定。对批准注册的,核发由国务院建设主管部门统一样式的《中华人民共和国二级建造师注册证书》和执业印章,并在核发证书后30日内送国务院建设主管部门备案。

第十条 注册证书和执业印章是注册建造师的执业凭证,由注册建造师本人保管、使用。

注册证书与执业印章有效期为3年。

一级注册建造师的注册证书由国务院建设主管部门统一印制,执业印章由国务院建设主管部门统一样式,省、自治区、直辖市人民政府建设主管部门组织制作。

第十一条 初始注册者,可自资格证书签发之日起3年内提出申请。逾期未申请者,须符合本专业继续教育的要求后方可申请初始注册。

申请初始注册需要提交下列材料:

(一)注册建造师初始注册申请表;

(二)资格证书、学历证书和身份证明复印件;

(三)申请人与聘用单位签订的聘用劳动合同复印件或其他有效证明文件;

(四)逾期申请初始注册的,应当提供达到继续教育要求的证明材料。

第十二条 注册有效期满需继续执业的,应当在注册有效期届满30日前,按照第七条、第八条的规定申请延续注册。延续注册的,有效期为3年。

申请延续注册的,应当提交下列材料:

(一)注册建造师延续注册申请表;

(二)原注册证书;

(三)申请人与聘用单位签订的聘用劳动合同复印件或其他有效证明文件;

(四)申请人注册有效期内达到继续教育要求的证明材料。

第十三条 在注册有效期内,注册建造师变更执业单位,应当与原聘用单位解除劳动关系,并按照第七条、第八条的规定办理变更注册手续,变更注册后仍延续原注册有效期。

申请变更注册的,应当提交下列材料:

(一)注册建造师变更注册申请表;

(二)注册证书和执业印章;

(三)申请人与新聘用单位签订的聘用合同复印件或有效证明文件;

(四)工作调动证明(与原聘用单位解除聘用合同或聘用合同到期的证明文件,退休人员的退休证明)。

第十四条 注册建造师需要增加执业专业的,应当按照第七条的规定申请专业增项注册,并提供相应的资格证明。

第十五条 申请人有下列情形之一的,不予注册:

(一)不具有完全民事行为能力的;

(二)申请在两个或者两个以上单位注册的;

(三)未达到注册建造师继续教育要求的;

(四)受到刑事处罚,刑事处罚尚未执行完毕的;

(五)因执业活动受到刑事处罚,自刑事处罚执行完毕之日起至申请注册之日止不满5年的;

(六)因前项规定以外的原因受到刑事处罚,自处罚决定之日起至申请注册之日止不满3年的;

(七)被吊销注册证书,自处罚决定之日起至申请注册之日止不满2年的;

(八)在申请注册之日前3年内担任项目经理期间,所负责项目发生过重大质量和安全事故的;

(九)申请人的聘用单位不符合注册单位要求的;

(十)年龄超过65周岁的;

(十一)法律、法规规定不予注册的其他情形。

第十六条 注册建造师有下列情形之一的,其注册证书和执业印章失效:

(一)聘用单位破产的;

(二)聘用单位被吊销营业执照的;

(三)聘用单位被吊销或者撤回资质证书的;

(四)已与聘用单位解除聘用合同关系的;

(五)注册有效期满且未延续注册的;

(六)年龄超过65周岁的;

(七)死亡或不具有完全民事行为能力的;

(八)其他导致注册失效的情形。

第十七条 注册建造师有下列情形之一的,由注册机关办理注销手续,收回注册证书和执业印章或者公告其注册证书和执业印章作废:

(一)有本规定第十六条所列情形发生的;

(二)依法被撤销注册的;

(三)依法被吊销注册证书的;

(四)受到刑事处罚的;

(五)法律、法规规定应当注销注册的其他情形。

注册建造师有前款所列情形之一的,注册建造师本人和聘用单位应当及时向注册机关提出注销注册申请;有关单位和个人有权向注册机关举报;县级以上地方人民政府建设主管部门或者有关部门应当及时告知注册机关。

第十八条 被注销注册或者不予注册的,在重新具备注册条件后,可按第七条、第八条规定重新申请注册。

第十九条 注册建造师因遗失、污损注册证书或执业印章,需要补办的,应当持在公众媒体上刊登的遗失声明的证明,向原注册机关申请补办。原注册机关应当在5日内办理完毕。

第三章 执 业

第二十条 取得资格证书的人员应当受聘于一个具有建设工程勘察、设计、施工、监理、招标代理、造价咨询等一项或者多项资质的单位,经注册后方可从事相应的执业活动。

担任施工单位项目负责人的,应当受聘并注册于一个具有施工资质的企业。

第二十一条 注册建造师的具体执业范围按照《注册建造师执业工程规模标准》执行。

注册建造师不得同时在两个及两个以上的建设工程项目上担任施工单位项目负责人。

注册建造师可以从事建设工程项目总承包管理或施工管理,建设工程项目管理服务,建设工程技术经济咨询,以及法律、行政法规和国务院建设主管部门规定的其他业务。

第二十二条 建设工程施工活动中形成的有关工程施工管理文件,应当由注册建造师签字并加盖执业印章。

施工单位签署质量合格的文件上,必须有注册建造师的签字盖章。

第二十三条 注册建造师在每一个注册有效期内应当达到国务院建设主管部门规定的继续教育要求。

继续教育分为必修课和选修课,在每一注册有效期内各为60学时。经继续教育达到合格标准的,颁发继续教育合格证书。

继续教育的具体要求由国务院建设主管部门会同国务院有关部门另行规定。

第二十四条 注册建造师享有下列权利:

(一)使用注册建造师名称;

(二)在规定范围内从事执业活动;

(三)在本人执业活动中形成的文件上签字并加盖执业印章;

(四)保管和使用本人注册证书、执业印章;

(五)对本人执业活动进行解释和辩护;

(六)接受继续教育;

(七)获得相应的劳动报酬;

(八)对侵犯本人权利的行为进行申述。

第二十五条 注册建造师应当履行下列义务:

(一)遵守法律、法规和有关管理规定,恪守职业道德;

(二)执行技术标准、规范和规程;

(三)保证执业成果的质量,并承担相应责任;

(四)接受继续教育,努力提高执业水准;

(五)保守在执业中知悉的国家秘密和他人的商业、技术等秘密;

(六)与当事人有利害关系的,应当主动回避;

(七)协助注册管理机关完成相关工作。

第二十六条 注册建造师不得有下列行为:

(一)不履行注册建造师义务;

(二)在执业过程中,索贿、受贿或者谋取合同约定费用外的其他利益;

(三)在执业过程中实施商业贿赂;

(四)签署有虚假记载等不合格的文件;

(五)允许他人以自己的名义从事执业活动;

(六)同时在两个或者两个以上单位受聘或者执业;

(七)涂改、倒卖、出租、出借或以其他形式非法转让资格证书、注册证书和执业印章;

(八)超出执业范围和聘用单位业务范围内从事执业活动;

(九)法律、法规、规章禁止的其他行为。

第四章 监督管理

第二十七条 县级以上人民政府建设主管部门、其他有关部门应当依照有关法律、法规和本规定,对注册建造师的注册、执业和继续教育实施监督检查。

第二十八条 国务院建设主管部门应当将注册建造师注册信息告知省、自治区、直辖市人民政府建设主管部门。

省、自治区、直辖市人民政府建设主管部门应当将注册建造师注册信息告知本行政区域内市、县、市辖区人民政府建设主管部门。

第二十九条 县级以上人民政府建设主管部门和有关部门履行监督检查职责时,有权采取下列措施:

(一)要求被检查人员出示注册证书;

(二)要求被检查人员所在聘用单位提供有关人员签署的文件及相关业务文档;

(三)就有关问题询问签署文件的人员;

(四)纠正违反有关法律、法规、本规定及工程标准规范的行为。

第三十条 注册建造师违法从事相关活动的,违法行为发生地县级以上地方人民政府建设主管部门或者其他有关部门应当依法查处,并将违法事实、处理结果告知注册机关。依法应当撤销注册的,应当将违法事实、处理建议及有关材料报注册机关。

第三十一条 有下列情形之一的,注册机关依据职权或者根据利害关系人的请求,可以撤销注册建造师的注册:

(一)注册机关工作人员滥用职权、玩忽职守作出准予注册许可的;

(二)超越法定职权作出准予注册许可的;

(三)违反法定程序作出准予注册许可的;

(四)对不符合法定条件的申请人颁发注册证书和执业印章的;

(五)依法可以撤销注册的其他情形。

申请人以欺骗、贿赂等不正当手段获准注册的,应当予以撤销。

第三十二条 注册建造师及其聘用单位应当按照要求,向注册机关提供真实、准确、完整的注册建造师信用档案信息。

注册建造师信用档案应当包括注册建造师的基本情况、业绩、良好行为、不良行为等内容。违法违规行为、被投诉举报处理、行政处罚等情况应当作为注册建造师的不良行为记入其信用档案。

注册建造师信用档案信息按照有关规定向社会公示。

第五章 法律责任

第三十三条 隐瞒有关情况或者提供虚假材料申请注册的,建设主管部门不予受理或者不予注册,并给予警告,申请人1年内不得再次申请注册。

第三十四条 以欺骗、贿赂等不正当手段取得注册证书的,由注册机关撤销其注册,3年内不得再次申请注册,并由县级以上地方人民政府建设主管部门处以罚款。其中没有违法所得的,处以1万元以下的罚款;有违法所得的,处以违法所得3倍以下且不超过3万元的罚款。

第三十五条 违反本规定,未取得注册证书和执业印章,担任大中型建设工程项目施工单位项目负责人,或者以注册建造师的名义从事相关活动的,其所签署的工程文件无效,由县级以上地方人民政府建设主管部门或者其他有关部门给予警告,责令停止违法活动,并可处以1万元以上3万元以下的罚款。

第三十六条 违反本规定,未办理变更注册而继续执业的,由县级以上地方人民政府建设主管部门或者其他有关部门责令限期改正;逾期不改正的,可处以5000元以下的罚款。

第三十七条 违反本规定,注册建造师在执业活动中有第二十六条所列行为之一的,由县级以上地方人民政府建设主管部门或者其他有关部门给予警告,责令改正,没有违法所得的,处以1万元以下的罚款;有违法所得的,处以违法所得3倍以下且不超过3万元的罚款。

第三十八条 违反本规定,注册建造师或者其聘用单位未按照要求提供注册建造师信用档案信息的,由县级以上地方人民政府建设主管部门或者其他有关部门责令限期改正;逾期未改正的,可处以1000元以上1万元以下的罚款。

第三十九条 聘用单位为申请人提供虚假注册材料的,由县级以上地方人民政府建设主管部门或者其他有关部门给予警告,责令限期改正;逾期未改正的,可处以1万元以上3万元以下的罚款。

第四十条 县级以上人民政府建设主管部门及其工作人员,在注册建造师管理工作中,有下列情形之一的,由其上级行政机关或者监察机关责令改正,对直接负责的主管人员和其他直接责任人员依法给予处分;构成犯罪的,依法追究刑事责任:

(一)对不符合法定条件的申请人准予注册的;

(二)对符合法定条件的申请人不予注册或者不在法定期限内作出准予注册决定的;

(三)对符合法定条件的申请不予受理或者未在法定期限内初审完毕的;

(四)利用职务上的便利,收受他人财物或者其他好处的;

(五)不依法履行监督管理职责或者监督不力,造成严重后果的。

第六章 附 则

第四十一条 本规定自2007年3月1日起施行。

推进工程总承包向纵深发展 加快建筑业实施"走出去"战略

——记建设部、商务部在京联合举办"推动工程总承包与对外工程承包高峰论坛"

李春敏

2006年10月30日至31日,由建设部与商务部联合主办,中国建筑业协会、中国勘察设计协会、中国对外承包商会共同承办的"推动工程总承包与对外工程承包高峰论坛"在京举行。

2006年年底,我国加入WTO过渡期即将结束,中国建筑业将直面巨大的机遇与挑战。面对世界经济全球化的发展趋势,中国建筑业如何深入贯彻科学发展观,实现可持续发展,推进工程总承包向纵深发展,加快建筑业实施"走出去"战略,为全面建设和谐社会做出更大的贡献?建设部、商务部以及国家发改委、外交部、公安部、财政部、铁道部、交通部、信息产业部、水利部、国资委、海关总署、税务总局、安全生产监督总局、民航总局、人民银行、外汇管理局、国家开发银行、中国进出口银行、中国出口信用保险公司等部门、各地建设和外经贸主管部门,有关行业协会、大型建筑企业、勘察设计单位负责人和专家等共300多人,共同对此进行了深入的研讨。

会上,建设部副部长黄卫、商务部部长助理陈健分别做了重要讲话。

建设部副部长黄卫在讲话中指出:改革开放以来,我国建筑业伴随着国家的经济建设和社会的进步快速发展,企业的活力和竞争力大幅提升,建筑业作为国民经济支柱产业的地位和作用日益增强。进入本世纪以来,建筑业继续呈现出快速发展的态势,2001年至2005年,建筑业总产值年平均增长率为22.5%,增加值年平均增长率为9.5%。工程总承包,作为国际上一种通行的建设项目组织实施方式和主要承包模式,经过数年的实践和探索,为我国建筑业的发展和提高工程建设管理水平,保证工程质量和投资效益发挥了重要的作用。今后,要进一步转变观念,加快有关法律法规体系建设,加速培养专业人才,不断提高企业技术创新和管理创新的能力,大力宣传和推进这一项目组织实施方式,努力创建一批适应工程总承包需要、具有较强竞争力的国际型工程公司。

商务部部长助理陈健指出:近30年来,我国对外工程承包取得可喜的成就。截至今年8月,累计完成营业额1529亿美元,约折合12232亿元人民币(按1美元折合8元人民币)。2005年,全年完成营业额217.6亿美元,约合1757亿元人民币,相当于当年国内生产总值1.2%。今年1~9月,对外工程承包再创佳绩,新签合同额首次突破400亿美元大关。对外承包近年来获得高速发展主要得益于党中央、国务院的正确领导和各有关单位的大力支持和配合,以及有关企业的积极拼搏和努力。实践证明,进一步推动此项业务发展潜力巨大,前景广阔,对国民经济发展具有重要的促进作用。为此,下步应在坚持科学发展观的前提下,积极开拓思路,进一步推动此项业务上档次、上规模。陈健强调,商务部将继续会同各有关部门不断完善对外工程承包的促进和管理体系,促进此项业务持续、稳步、快速发展。

建设部建筑市场管理司副司长王早生在最后的总结发言中提出:

各级政府建设、商务主管部门,首先要认真学习和贯彻黄卫副部长、陈健部长助理的重要讲话精神,深刻领会实质,并结合郑超、王素卿两位司长的专题报告和工作实际,研究解决本地区、本部门在推行工程总承包和对外承包工作中的问题,研究制定推进工程总承包和对外承包的政策措施,尽快消除一些管理制度上的障碍,加快推动工作向纵深发展。

其次,要研究完善法律法规体系的建设。特别是在招投标制度、市场准入的监管、融资、信用担保、税收等影响工程总承包和对外工程承包等方面,要尽快完善。各级建设、商务主管部门在工作中要加强沟通、交流和协调,也请有关部门一如既往地予以关心、支持与合作。通过加快立法步伐和政策制定,为开展工程总承包和对外承包创造良好的制度环境、市场环境。

第三,企业是市场的主体。希望设计和施工企业要适应工程总承包和对外工程承包的要求,努力创建工程总承包企业和国际型工程公司,加强人才培养,加强技术创新和管理创新,培育企业核心竞争力;行业协会要协助政府搞好政策法规建设和技术标准的修订。开展专题研究、经验交流与推广、人才培训等工作,为推动工程总承包和对外工程承包积极发挥行业协会的作用。

第四,要进一步统一思想,提高认识,加大宣传力度。工程总承包的国内市场落后于国际市场,国有投资项目落后于外资和社会投资项目。因此,宣传工作很重要。为推动工程总承包与对外承包营造一个良好的社会环境与氛围,让全社会认同、关注、支持工程总承包和对外工程承包,尤其是如何做好业主方的宣传工作,我们还要想办法,做点实际推动的工作,努力开创工程总承包和对外工程承包的新局面。

与会代表一致达到共识,随着我国加入WTO过渡期结束和经济全球化发展进程加快,推动工程总承包与对外承包,是进一步巩固和发挥建筑业国民经济支柱产业地位和作用的战略要求,是落实科学发展观的重要举措,是创建国际型工程公司的必然选择,是贯彻实施"走出去"战略的有效途径。面对我国建筑业目前推动工程总承包与对外承包的现状,大家对全力推动工程总承包与对外承包充满了强烈的使命感和责任感,将借这次论坛的东风,积极推动和深化建筑业体制改革与机制创新,加快制度建设,营造良好的市场环境,大力培育和发展工程总承包市场,加强人才队伍建设,全面提升企业整体素质,增强国际竞争力,全力推动工程总承包与对外承包向纵深发展。

案例征集 <<<

《建造师》创办以来,我们经过多方面回访,陆续收到了业内外读者特别是广大建造师的反馈意见。在这些反馈意见中,最为集中的一是希望我们多刊登些筑建筑工程实践和特别是某一单项工程的具体操作方面的案例;二是能为业内各级建造师发表论文提供方便。

因此,除了我们编辑部自身努力外,也希望广大读者,特别是在工程和管理一线的广大建造师,拿起笔来,把你们在某一工程、某一项目、某一具体工作中的收获、教训、心得、体会及时地记录下来,寄给我们,哪怕是比较粗糙的"毛坯",只要是真实发生的,对业内同仁有启示意义的,我们都会尽力帮助你"打磨"。一经录用,我们即付稿费,而且稿费从优。

征集案例要求是比较典型的工程、典型事件、典型处理方式。能够尽量详尽,便于业内同行参考。同时请注意:如果非您本人从事过的案例,请您在征得当事人同意后,再投稿,以免不必要的纠纷。来稿行文请客观、公正。

建造师和准建造师如有好的工程实践经验,但本人无暇整理成文,如作者本人同意,我们将聘请有关学者加工提炼,形成具有一定学术价值及指导意义的论文。同时,我们将视来稿情况,适时结集正式出版。以满足广大建造师的工作需要。

敬请广大建造师踊跃投稿。

《建造师》编辑部

认清形势 抓住机遇
积极推动我国工程总承包和对外工程承包的健康发展

——在"推动工程总承包与对外承包高峰论坛"上的讲话(摘要)

建设部副部长 黄 卫

本次论坛是在我国加入 WTO 过渡期即将结束，面对世界经济全球化的发展趋势，建筑业在国民经济发展中作用越来越突出，深入贯彻落实"走出去"战略的大背景下召开的。来自全国各地的各级政府官员、企业代表和专家等齐聚一堂，共同交流开展工程总承包与对外工程承包的成绩和经验，研讨影响工程总承包与对外工程承包发展的主要问题和应对之策，具有重要的意义，必将进一步推动我国工程总承包与对外工程承包深入发展。下面，我讲两点意见：

一、推行工程总承包是新形势下建筑业发展的迫切需要

工程总承包作为国际通行的建设项目组织实施方式，在西方发达国家已有上百年的发展历史。近年来，国际上工程总承包占工程承包市场的比例呈明显上升趋势。随着我国加入 WTO 和经济全球化，我国建筑业推行工程总承包势在必行。

第一，推行工程总承包，是进一步巩固和发挥建筑业国民经济支柱产业地位和作用的战略要求

改革开放以来，我国建筑业伴随着国家的经济建设和社会的进步快速发展，企业的活力和竞争力大幅提升，建筑业作为国民经济支柱产业的地位和作用日益增强。进入本世纪以来，建筑业继续呈现出快速发展的态势，2001 年至 2005 年，建筑业总产值年平均增长率为 22.5%，增加值年平均增长率为 9.5%。2005 年，全国建筑业企业完成建筑业总产值达到 34552.10 亿元，比上年同期增加 5530.65 亿元，增长 19.1%；完成竣工总产值 22072.96 亿元，比上年同期增加 1806.59 亿元，增长 8.9%。

吸收和借鉴国际上通行做法，在建设项目的组织实施上推行工程总承包，有利于巩固建筑业在国民经济中支柱产业的地位，发挥支柱产业的作用。

第二，推行工程总承包，是建设行业深化工程建设改革创新的重要举措

推行工程总承包能够使设计和施工紧密结合，保证在施工过程中能正确贯彻设计意图；在保证工程质量的前提下，根据实际需要不断优化设计方案和施工方案，有利于节省投资；专业化的工程项目管理队伍，弥补了业主项目管理能力的不足，有利于提高建设项目的效率和效益。因此，推行工程总承包，是深化我国工程建设项目组织实施方式改革，提高工程建设管理水平，保证工程质量和投资效益，贯彻落实科学发展观的重要措施。

第三，推动工程总承包，是创建国际型工程公司的必然选择

由于历史的原因，我国的许多企业在组织机构、经营方式、服务功能上存在不少缺陷：一是不能适应市场经济

条件下投资主体多元化和国际、国内市场对工程总承包的发展需求；二是企业的低层次竞争造成企业利润空间缩小，企业的发展壮大难以为继，直接影响到企业竞争力的提高；三是单一功能的设计、施工企业缺乏竞争力，无法进入国际高端市场。为此，设计、施工企业必须加快转型和拓展功能的步伐，积极转变企业的组织结构，加强管理，苦练内功，拓宽服务功能，不断增强工程总承包能力。

第四，推行工程总承包，是贯彻落实"走出去"战略的有效途径

国际市场的发展表明，国际工程的发包方越来越重视承包商提供综合服务的能力，EPC（设计-采购-施工总承包）、DB（设计-建造）、交钥匙模式以及BOT（建设-经营-转让）、PPP（公共部门与私人企业合作模式）等承包方式，在国际上被普遍采用。在当前国际市场的新形势下，我国建筑企业传统的低成本优势正在丧失，业务升级迫在眉睫。推行工程总承包，可以不断提高设计企业和施工企业在国际高端市场中的竞争能力，并且带动国内技术、机电设备、材料和服务的出口，进一步提高对外承包的附加值；推行工程总承包，可以提高企业对建设工程项目的综合服务能力，有利于培育知识密集、技术密集、管理密集、有国际竞争力的大型企业，推动企业"走出去"。

二、全力推进工程总承包深入发展

改革开放的二十多年以来，国内工程总承包市场不断扩大，我国的一些设计、施工企业的工程总承包能力不断增强。但是，在推行工程总承包中还存在一些比较突出的问题。比如，建设项目实施过程中，普遍采用设计、施工分开招标，难以实现工程项目全过程的科学统筹管理；建筑业企业功能单一，对工程项目进行策划、融资、设计、采购、施工、试运行的总承包能力比较薄弱，缺乏一批资金、管理、技术密集，具有综合业务能力和国际竞争力的大型企业；工程总承包的法律、法规、政策体系不完善。

为加速建筑业改革与发展，促进经济增长方式转变，我们必须转变观念，统一认识，全力推进工程总承包深入发展，重点抓好以下三个方面的工作：

第一、进一步完善法规体系建设

为推动工程总承包的开展，近几年，建设部以及国务院有关部门先后发布了一系列政策文件，颁布了国家标准《建设项目工程总承包管理规范》。但是，目前还存在工程总承包缺少法律定位、市场准入缺乏监管机制、招标投标无法可依、合同条款没有统一范本等问题，制约了工程总承包的发展。为大力推动工程总承包和对外工程承包，建设部将会同有关部门，加大法规建设的力度，包括修订《建筑法》，制定《建设项目工程总承包招标投标管理办法》，编制《工程总承包合同范本》等。

第二、各级政府部门、行业协会和企业协同配合，共促工程总承包的发展

工程总承包的发展，需要政府部门、行业协会和企业等社会各方的共同努力。一是社会各方要加强配合，打破部门、行业、地区的界限，按照"市场需求、政府引导、行业推动、企业自愿"的原则，鼓励大型设计、施工企业利用自身优势，拓展服务功能，创建一批资金雄厚、人才密集、技术先进，具有科研、设计、采购、施工管理和融资等能力的大型工程公司和"龙头"企业；二是各级建设行政主管部门要积极支持项目业主单位采取工程总承包模式，提供项目实施的市场准入平台，加强监管。三是发挥政府部门的协调作用，逐步完善开展工程总承包市场体系，如在金融、保险、担保、人才培养、知识产权保护等方面的支持和配合，发挥总承包的优势，提高工程建设水平。四是行业协会要积极配合政府部门加大工程总承包的专题研究力度，结合国际上的通行做法，对工程总承包的方式、方法、实施的条件等进行研究，引导国内工程总承包企业积极、稳妥发展。

第三、努力创建国际型工程公司

同国际上的大型工程公司相比，我国的建筑业企业在组织机构、人力资源、经营管理、程序和标准、服务功能、技术能力、资本运营能力、信息化管理等多方面存在较大差距。推动工程总承包和对外工程承包，必须加速现有设计企业和施工企业的功能转化，真正形成设计、采购、施工、试运行一体化管理的组织体系和项目管理体系。一是抓好工程总承包专业人才的培养。注重专业化人才的培养，是开展工程总承包的必备基础条件，要通过多种渠道培养一批懂技术、善管理、专业化的项目管理人才。二是大力提高技术创新和管理创新能力。开展工程总承包，必须注重技术创新和管理创新，重点开发具有自主知识产权的专有技术，依靠技术领先占领市场，全面提高企业的工程总承包水平和核心竞争力。

同志们，"十一五"时期是全面建设小康社会的关键时期。加快城镇化建设，走新型工业化道路，继续推进西部大开发，加快东北老工业基地振兴等战略任务，给建筑业提出了新的历史使命。我们相信，在科学发展观的指导下，有国务院各有关部门的领导和支持，通过各级政府部门、广大建筑业企业、各有关协会的共同努力，我们一定能够把我国的工程总承包与对外工程承包工作推向一个新的阶段，开创我国建筑业改革与发展的新局面。

我国实行工程总承包的回顾与展望*

在"推动工程总承包与对外承包高峰论坛"上的讲话(摘要)

◆ 建设部建筑市场管理司司长 王素卿

一、我国工程总承包发展的基本情况

（一）我国开展工程总承包的历程回顾

我国建设领域工程总承包是伴随着改革开放的进程产生和发展起来的。为适应市场经济的要求，20多年来，国家有关部门先后出台了一系列深化基本建设管理体制改革的政策措施，有力地推动了工程总承包的开展。

早在1982年，化工部对江西氨厂改尿素工程实行第一个以设计为主体的工程总承包试点，中国武汉化工工程公司（现五环科技股份有限公司）为工程总承包商，该项目建设工期28个月，有效地控制了工程进度、质量和费用，一次开车成功，生产出了合格尿素，受到了国家计委和化工部的表扬。1984年，原国家计委在总结化工部工程总承包经验的基础上，将工程总承包纳入了国务院颁发的《关于改革建筑业和基本建设管理体制若干问题的暂行规定》（国发[1984]123号），明确提出了对项目建设实行全过程的总承包的要求。从此，原国家计委、建设部等部委相继下发文件，要求在设计、施工企业组建开展工程总承包试点，并先后批准了94家工程总承包试点企业，指出"试点企业可对工程项目实行设计、采购、施工全过程的总承包"。1997年11月，我国颁布了《中华人民共和国建筑法》，提倡对建筑工程进行总承包。1999年8月，建设部印发了《大型设计单位创建国际型工程公司的指导意见》（建设[1999]218号）。先后有560家设计单位领取了甲级工程总承包资格证书。

在国家政策的推动下，化工、石化等行业的勘察设计、施工企业积极开展工程总承包，成效显著。1984年~2000年，中国石化工程建设公司先后开展了燕山石化公司苯乙烯、长岭炼化总厂聚丙烯、天津石化公司芳烃联合装置等22个项目的EPC工程总承包，总承包合同额达72亿元。1988年，中建八局对天津环美家具工业厂房二期工程实行了勘察、设计、材料采购和施工全过程的总承包，也取得了良好的效果。

2003年3月，建设部印发了《关于培育发展工程总承包和工程项目管理企业的指导意见》（建市[2003]30号文），明确了工程总承包的基本概念和主要方式，规定凡是具有勘察、设计资质或施工总承包资质的企业都可以在企业资质等级许可的范围内开展工程总承包业务。文件的出台，为企业开展工程总承包指明了方向。此后，2004年建设部印发《工程项目管理试行办法》（建市[2004]200号文），2005年颁布《关于加快建筑业改革与发展的若干意见》（建质[2005]119号文），提出要进一步加快建筑业产业结构调整，大力推行工程总承包建设方式。建设行政主管部门、行业协会多次召开经验交流及研讨会，采取多种方式加大工程总承包推进力度。从此，我国工程总承包已经进入了一个新的发展时期。

（二）我国开展工程总承包取得的主要成效

我国开展工程总承包，不但是可行的，也是建筑市场与国际接轨的必然要求。20年来，我国开展工程总承包，取得了明显的成效，主要体现在以下5个方面。

1、工程总承包市场开始形成，行业推广面不断扩大

20世纪80年代初，我国化工、石化行业就开始认识到我国建设工程组织实施方式与国际接轨的必要性，大力推行工程总承包，使得许多项目节省了投资，缩短了工期，工程一次投料试车成功。近几年来，随着我国加入WTO和经济建设的快速发展，工程总承包从化工、石化行业逐步推广到冶金、电力、纺织、铁道、机械、电子、石油天然气、建材、市政、兵器、轻工、地铁等行业。房屋建筑工程项目的工程总承包也在不断增加，取得了明显的进展。

在行业推广面扩大的同时，工程总承包合同额在不断增加。根据中国勘察设计协会建设项目管理和工程总承包分会开展的工程总承包企业营业额排序调

---

* 标题为编者加注。

查结果，2003年、2004年、2005年，参加排序的前100名勘察设计企业完成工程总承包合同额分别为376.4亿元、544.0亿元、769.9亿元，分别比上年增加25.2%、44.5%、41.5%。2005年完成工程总承包合同额超亿元的勘察设计企业达到82家，其中，中国石化工程建设公司完成工程总承包合同额达63.9亿元；中冶赛迪工程技术股份有限公司、中材国际工程股份有限公司、中国石化集团上海工程有限公司、中冶京诚工程技术有限公司、中冶南方工程技术有限公司、中国成达工程公司等22家企业完成工程总承包合同额均在10亿元以上。

建筑业企业的工程承包合同额中每年约30%的合同额具备采购（或部分采购）-施工总承包模式。EPC总承包在部分大型建筑业企业所占的比例也越来越大。如中国冶金科工集团公司的EPC总承包业务已成为该公司的第一大主业，2005年公司完成建筑业产值386亿元，其中EPC工程总承包业务占80%。中建总公司和上海建工集团组成的联合体总承包的"世界第一高楼"——上海环球金融中心主体工程，合同额达39亿元。2005年中国化学工程集团公司EPC总承包的神华煤制油项目，首批合同金额达到46亿元。

2、境外工程总承包营业额大幅增长

我国对外承包工程快速发展的同时，境外工程总承包营业额也有大幅增长。根据中国勘察设计协会建设项目管理和工程总承包分会开展的工程总承包企业营业额排序调查结果，2003年、2004年、2005年，参加排序的前100名勘察设计企业中，分别有20家、27家、38家企业承担了境外工程总承包，完成境外工程总承包合同额分别为35.3亿元、47.4亿元、99.5亿元，分别比上年增加13.9%、34%、110%。2005年，中国成达工程公司、中石化集团上海工程有限公司等17家勘察设计单位完成境外工程总承包合同额超亿元。中国成达工程公司连续4年获得境外工程总承包排名第一，年完成境外工程总承包合同额最高达26.6亿元。

据统计，从2001到2005年的五年期间，我国对外承包工程营业额翻了一番还多。2005年我国对外承包工程完成营业额217.6亿美元，同比增长24.6%，这其中很大一部分为工程总承包项目。目前，我国对外承包工程项目日趋大型化，部分大型对外企业积极进入高端市场，不但在国外承担了不少EPC总承包项目，而且总承包合同额大幅度增长。在水电、火电、石化、公路、有色金属等行业建成了一批具有可观盈利前景的工程总承包项目。如中国土木工程集团公司，先后完成了尼日利亚铁路修复改造工程、博茨瓦纳铁路更新改造、澳门莲花大桥等项目的总承包，10年来对外工程总承包合同额达到30多亿美元。特别值得一提的是，今年6月，中信-中铁建联合体一举中标合同额为62.5亿美元的阿尔及利亚高速公路"交钥匙"工程，成为我国迄今为止承揽的对外工程总承包合同额最大的项目，也是迄今为止世界工程承包市场中同类项目单项合同额最大的项目之一。今年7月，中国石化工程建设公司又签订了伊朗ARAK炼厂扩建和产品升级项目总承包合同，EPC合同总价为21.68亿欧元。

3、促进了企业生产组织方式的变革和产业结构的调整

20多年来，我国勘察设计和施工企业从单一功能的设计、施工逐步向工程总承包发展，并根据业主的不同需要，以多种方式开展工程总承包和项目管理服务。通过开展工程总承包，使企业的生产组织方式发生了深刻的变化，并带动了建筑业产业结构的调整。中国石化工程建设公司、中国成达工程公司、中国寰球工程公司等一批智力密集型企业通过开展工程总承包，已将单一功能的设计院改造成为具备设计、采购、施工、试运行等多功能的国际型工程公司。中国冶金科工集团公司、中国机械工程总公司、上海建工集团、北京城建集团等大型建筑业企业（集团）通过改革和发展，调整组织结构，完善服务功能，工程总承包业务大大增加。

为适应国际承包工程的形势需要，我国工程承包企业不断创新承包模式，积极向高端市场迈进。如中国建筑工程总公司、中国铁路工程总公司、中国铁道建筑总公司、中国石化工程建设公司，近几年来充分发挥品牌、技术、资金和集团优势，积极探索EPC、BOT、PMC等经营方式，大力拓展建筑业产业链上游的设计、咨询和项目开发和投融资业务，下游的维修、养护和委托管理，打破单一的经营模式，企业得到了快速发展。2005年，分别进入世界500强。

为提高企业工程总承包能力，促进企业做强做大，近年来，在政府的引导下，一部分企业在优势互补的原则下展开了兼并重组活动，如中国铁道建筑总公司兼并中国土木工程集团公司，中国石化兰州设计院与中国石化第三建设公司重组为中国石化宁波工程公司等等。这些兼并重组活动，加快了建筑业产业结构的调整。

4、提升了企业的核心竞争力

业主之所以选择某个工程公司作为项目承包商，其重要原因之一就是该公司在某方面具有别人短期内无法替代的东西，这种东西就是"核心竞争力"。作为服务型的工程公司的核心竞争力主要是"技术创新能力"和公司的"项目执行能力"。工程总承包不单是要求承包商能够承担项目的设计、采购和施工工作，关键是要求承包商作为总包方要具有管理优势、技术优势和品牌优势。在多年的工程总承包探索和实践中，一批勘察设计、施工企业通过工程总承包市场的开拓，提高了项目管理水平，完善了技术创新机制，逐步形成了自己的品牌，提升了企业的核心竞争力。

中国石化工程建设公司加强技术创新的力度，每年投入资金数千万元，技术开发项目近百项，开发了一大批专有技术和专利技术，为赢得工程总承包任务奠定了坚实的技术基础，连续四年名列工程总承包企业百强第一。中材国际以其完整的工程服务和研发技术优势，在与国际水泥工程巨头同台竞技中接连胜出，EPC业务收入占公司总业务收入的比例逐年提高，由2004年的30%上升到2005年的64%。中国成达工程公司依靠自身工程总承包的实力和融资能力，以卖方信贷方式承包建设了印尼2X300MW燃煤电站项目。

5、取得了显著的经济效益和社会效益

实践证明，推进工程总承包，可将设计、采购、施工成为一个有机总体，避免三者间的相互脱节，有利于对项目实施全过程、全方位的技术经济分析和方案的整体优化，有利于保证建设质量、缩短建设工期、降低工程投资，实现社会效益、经济效益和环境效益的最佳统一。

由中国石化工程建设公司承接的长岭石化公司、福建石化公司、大连石化公司等六套聚丙烯工程总承包项目，将设计、采购、施工三个方面紧密地融为一体，大大缩短了这六套聚丙烯装置建设周期。国内前几套同规模的聚丙烯装置的建设周期大都在40个月左右，而这六套装置的建设周期平均在24~26月之间。和以往同类项目比，每套装置建设节省投资在2亿元以上，工程质量达到设计要求，受到业主的一致好评。

中建一局建设发展有限公司总承包的LG大厦项目，通过精心优化设计，以深化施工图设计为切入点，努力减少消耗，降低成本，取得了明显的成效。整个工程中，他们完成深化施工图设计4802张，为业主节约了大量投资。同时，他们还通过材料采购和系统优化，为业主节省投资1300万元。做到如此大的优化设计，降低投资，这在以往的设计、施工脱节的情况下，是难以想象的。

二、我国工程总承包面临的形势

近十几年来，工程总承包在国际工程中发展十分迅速，已成为工程承包的主要实施模式。根据美国设计-建造学会（Design Build Institution of America）的报告，国际上"设计-建造"总承包(D-B)比例，1995年就已达到25%，2000年上升到30%，2005年上升到45%。目前有近一半的工程采用工程总承包的方式建造。

虽然我国工程总承包发展也比较快，但由于起步较晚，与国际工程相比较，目前我国的工程总承包在量和质两方面都有很大差距。到目前为止，在我国的对外承包工程中总承包仅占国际建筑市场总额的1%不到。在国内的工程承包市场中总承包也仅为10%左右，而且主要集中在几个专业工程领域，如石化、化工、电力、冶金等，房屋建筑工程实施总承包项目的份额虽然也在不断扩大，但其内容的完整性不足，对整个工程承包市场的影响也较小。因此，在目前情况下，进一步推行工程总承包具有更为重大的现实意义。

（一）国家投资体制改革将成为推动工程总承包发展的原动力

随着我国投资体制改革的进一步深入，国务院发布了《关于投资体制改革的决定》，放宽社会资本投资领域的限制，允许各类企业以股权融资方式筹集资金。社会固定资产投资呈多元化趋势。国际知名企业凭借技术力量雄厚、管理水平高、融资能力强的优势进入我国市场。全球最大的500家跨国公司已有近450家在华投资。大量国际资本的引进为我们大力推进和发展工程总承包带来新的契机。另一方面，业主自主决策、自担风险的意识也在增强，随着高新技术的应用和工程项目的大型化、复杂化程度的增高，业主自身管理能力难以适应项目要求，对工程总承包等高端市场的需求会逐步增大。

正是鉴于上述原因，近几年来，我国许多业主已经从工程实践中逐渐认识到总承包对工程最终综合效益的好处，不少项目开始采用EPC工程总承包方式，也有一些项目采用BOT、PPP、PMC方式。这在很大程度上改变了我国传统的工程承包方式，更有力地推动工程总承包市场的发展。

（二）建筑业在加入WTO过渡期结束后面临的新挑战

按照我国加入WTO时的承诺，建筑工程承包领域的过渡期已结束，我国的建筑工程市场将按承诺对外开放。国际工程中最大的承包商都会利用工程总承包方面的优势，与国际投资者一起进入我国工程总承包市场，以取得更大的市场份额。这对进一步促进我国的工程总承包管理方法和管理技术水平的提高、加快与国际接轨将会产生重要影响，但同时也将使我国企业面临与国际跨国公司在国际、国内两个市场上同台竞争的严峻挑战。

另外，按照建筑工程的市场分布，规划和设计是上游市场，工程总承包是高端市场。最近十几年来，国外许多工程总承包企业和设计事务所在我国建筑工程的上游市场和高端市场赢得了许多项目。我国许多大型工程项目和标志性建筑由国外公司负责工程总承包，或者承担规划设计。他们在上游市场和高端市场上取得了丰厚的利润，而低端市场（包括工程施工图设计和专业工程的施工）还是由我国企业完成，但我们却获得很少的费用。比如：20世纪90年代的"北京十大建筑"，中外合作建设的只占4项。但是进入21世纪以后，北京的标志性建筑中，外国建筑师参与设计的约占了九成。北京目前的超高层办公楼：京广中心、京城大厦、国贸中心，以及国家大剧院、中央电视台新址等，均采用境外建筑师的方案。如果我国大的标志性的工程都采用外国的方案，都为外国企业总承包，这不仅导致我国工程承包市场被严重瓜分，危及我国建筑业在国民经济中的支柱产业地位，而且还会直接导致我国建筑文化的危机。所以我国工程承包企业必须迎接这种挑战，既要采取强有力措施抢占工程的高端市场，又要下气力抢占工程总承包的上游市场。否则，将造成我们这代人历史责任的缺失！

（三）建筑业实施"走出去"战略的迫切需要

我国的对外工程承包企业担负着实施中央"走出去"战略的重要任务。工程总承包是国际工程最常见的承发包方式，而且能够比专业施工承包和劳务承包取得更大的经济效益。我们要"走出去"，提高我国对外承包的经济效益，就必须在国际工程总承包市场上有所作为。

如果我国承包商不能进行工程总承包和参与项目融资，不仅不能在国际工程承包市场上扩大规模，占有更大的份额，而且也无法把我国的资金、设备、材料、咨询服务带出国。这已经被我国几十年国际工程承包经验教训所证明。中建总公司上世纪的对外工程多是援外项目和劳务分包，经济效益极低。进入新世纪后，他们为适应国际工程项目日益大型化、复杂化和国际化的发展趋势，组建了中建国际工程公司，坚持一手抓总承包，一手抓总承包带动物资贸易出口。比如他们在承建阿尔及利亚军官俱乐部工程中，在做好项目总承包的同时，主动与业主友好协商，大力宣传和推荐中国建材产品，并采取价格优惠和优质服务的商贸技巧，动员和鼓励业主来中国采购，积极拓展对外贸易。经过艰辛的工作，改变了业主原准备在西欧采购建材、家具的计划，为中国出口创汇5000万元人民币。

（四）创建节约型和创新型社会对勘察设计和施工企业提出了新的要求

当前，我国正处在大规模经济建设时期，大量的能源、自然资源、资金消耗在建设过程中。我国GDP不到世界5%，但其主要能耗如煤炭消耗占世界的38%，电力占13%，其中建筑业占全社会总能耗的46%。为了改变这种高消耗、低效益的经济增长方式，党和国家作出了建立资源节约型和创新型社会的战略决策，而在建设工程领域推广工程总承包建设方式正是落实创建节约型社会发展战略的最有效的举措。

工程总承包克服了设计、采购、施工责任分离，相互制约和脱节的矛盾，能够最大限度地发挥承包商在设计、采购、施工技术和组织方面不断优化的积极性和创造性，促进新技术、新工艺、新方法的应用，进而促进建筑工程科技进步，节约使用资源，更有效保护环境；能够有效地进行工程质量、工期、投资的综合控制；能够有效地避免因设计、施工、供应等不协调造成工期拖延、投资增加、质量事故和合同纠纷等问题。总承包还能够有效地减少招标次数，大大降低工程的社会成本。

三、我国工程总承包存在的主要问题

当前在推行工程总承包中主要存在三个方面的问题：

（一）业主认可程度还比较低，市场发育不完善

目前从总体上说，我国总承包市场需求不太旺盛。业主对工程总承包方式的认可度低，缺乏总承包意识，大多数项目业主仍然习惯于传统的设计、施工分别招标。目前一些外资和民营项目的业主更多认同工程总承包方式，相反以政府投资或国有投资为主的项目业主并没有充分认识到工程总承包在工程建设中所能发挥的显著效益。其原因是多方面的：由于传统观念的影响，我国业主在工程中都希望管得很细、很具体；由于投资主体和管理体制问题，国内的许多业主缺少工程总承包的内在动力；我国业主对承包商的能力和资信缺乏信心，信任程度不够；由于企业资质壁垒、条块分割，工程总承包项目市场准入相关的标准和手续不完善等原因，使工程总承包存在严重的市场准入障碍。

（二）实行总承包的法律、法规和政策不完善

虽然从上世纪80年代开始，国家建设行政主管部门就在许多文件中提倡工程总承包，并逐渐在一些建设法律法规中明确规定。但工程总承包的法律、法规、政策体系不完善、不健全，仍然是我国推广工程总承包的障碍。

首先，虽然《建筑法》提到"提倡对建筑工程实行工程总承包"，但是对如何开展总承包没有配套法规文件，可操作性不强，难以实施。

其次，建设部颁布的建市[2003]30号文《关于培育发展工程总承包和工程项目管理企业的指导意见》，对广大企业推进工程总承包和项目管理起到非常重要的促进作用，但仍然存在法律效力和实际推进力度不够，影响范围不大的问题。

三是我国建筑业现有的企业资质不适应工程总承包市场的实际要求。工程监理、咨询、设计、施工企业资质条块分割，

各自管理，而且我国建筑市场存在比较严格的政策性壁垒，承包企业按照工程专业类别隶属于不同的行政主管部门，各部门政令又不统一，分开进行市场准入。而工程总承包位于提倡层面，在资质序列中没有明确标准和定位，游离于工程承包市场之外。这在较大程度上影响了我国工程总承包企业的培育和发展。

四是在招标投标法和工程招标投标管理办法中，对设计、施工、监理等分别招标投标都作了详细规定，而对工程总承包招标投标却没有规定。

五是对业主招标方式和行为要求缺乏具体的法律法规约束。虽然制定了工程总承包规范，但缺少总承包的招标文件范本和合同范本。

由于上述种种原因，导致工程总承包的法律推动力和保证不足，难以在我国成为工程承发包的主流方式。

（三）工程承包企业自身能力存在问题

从总体上说，我国缺少一批具有国际竞争实力、资本雄厚、人才聚集、科技领先、管理过硬的工程总承包企业。

我国设计、施工企业的规模都很大，其专业能力也很强。所以，在我国以施工为主体的总承包和以设计为主体的总承包都有特色，但在总承包方面的核心竞争力都不强。而由于管理体制、文化、市场诚信、管理能力和方法等问题，我国设计、施工单位之间在工程总承包项目中联合经营，优势互补，强强联合也往往难以实现。

科技创新机制不健全，技术开发与应用能力不足。我国一些大型设计、施工企业没有建立其技术开发机构，科技创新机制不健全。普遍缺乏国际先进水平的工艺技术和工程技术，具有独立知识产权的专利技术和专有技术较少。

融资困难，是我国企业开展工程总承包业务的又一重大难题。国际上许多项目要求承包商参与融资、前期投入、带资承包。这需要总承包企业具备很强的融资能力。而我国银行对工程承包企业的信贷额度较低，国家控制外汇信贷规模，贷款审核时间长、审批程序复杂。在国际工程中，我国承包企业曾为此丧失了许多承包商机。

我国总承包企业的项目管理理念、方法、手段、组织模式、人才结构还不能满足工程总承包的要求。企业的智力密集程度不够，缺乏总承包所需要的精通项目经营和管理，精通商务和法律，具有实际工程经验的复合型管理人才。

四、进一步推进和发展工程总承包的几点意见

刚才建设部黄卫副部长以及商务部部长助理陈健同志在致词中分别就推行工程总承包和对外工程承包的重要性做了指示。我们一定要认真贯彻落实两位部长的讲话精神，进一步统一思想，提高认识，从科学发展战略和国际化的高度来推进和发展工程总承包。下一步主要从以下六个方面重点推进：

（一）政府引导，行业推动，各方协作，齐抓共促，全面推进和发展工程总承包

工程总承包是一个系统工程，涉及到政府、协会、企业、社会等方方面面。首先要打破部门、行业、地区、所有制的界限，按照"市场需求、政府引导、行业推动、企业自愿、各方协作、齐抓共促"的原则，鼓励具有较强竞争力和综合实力的大型建筑业企业实行优势互补，联合、兼并科研、设计、施工等企业，实行跨专业、跨地区重组，建立和形成一批资金雄厚、人才密集、技术先进，具有科研、设计、采购、施工管理和融资等能力的大型工程公司和"龙头"企业。但是，我们反对采用行政手段强制对设计和施工企业实行捆绑式重组，有设计能力同时又有施工队伍的工程公司可以搞工程总承包，有设计能力但没有施工队伍的工程公司也能搞工程总承包；其次是要根据资源密集型工业，如煤炭开采、钢铁和有色金属冶炼与压延、石油化工、火力发电、建筑材料等行业的生产能力向大企业集中的趋势，积极发挥对应上述领域具有设计、采购、施工管理、试车考核等工程建设全过程服务能力的总承包企业的作用；三是构建完善建筑市场供应链体系，大力推进建筑业社会化和专业化分工，推进"龙头"企业外部的专业化分工，培育发展区域专业承包企业集群和建筑部件生产制造企业集群，发展劳务公司，构筑以总承包企业为龙头，专业承包企业为骨干，劳务分包企业为基础，层次清晰、结构合理、分工明确、配套协作、整体优势明显的供应链体系。

（二）进一步健全完善法律法规体系，为培育和发展工程总承包市场提供政策保障

推行工程总承包，光靠认识和宣传是远远不够的，必须有法律、政策的保障。去年以来，我们先后出台了《建设项目工程总承包管理规范》、《建设工程项目管理规范》，这两个规范的制订都立足于推进工程总承包方式，有利于实现工程项目设计、施工、采购全过程的一体化管理。下一步，我们将进一步完善相关的法规政策。一是在修改《建筑法》时，增加有关工程总承包实施条款，进一步确立工程总承包的法律地位；二是研究出台符合国际惯例的《工程总承包管理办法》，规范对工程总承包的市场管理；三是与有关部门一起抓紧研究、制定《建设项目工程总承包招标投标管理办法》，积极培育工程总承包招投标市场；四是组织制定以FIDIC条件为基础，与国际接轨的总承包合同范本。目前这项工作也在进行中。

为了促进工程总承包的发展，在资质管理上，我们将在现有资质序列中考虑增加有利于促进工程总承包发展的

序列，对有总承包实力的大型企业，资质上逐步给予放开。前不久我们下发了建筑智能化等四个专业设计施工一体化资质办法，同时在修订《施工总承包特级资质标准》（征求意见稿）和工程设计综合资质标准时，增加了有关管理技术和国家工法或专利、专有技术的内容，充实设计或施工管理力量，扩大业务范围。下一步，我们还要结合贯彻《行政许可法》，在修订《工程设计企业资质管理规定》《建设工程企业资质管理规定》时，将增加有关工程总承包管理的内容。各地各级建设主管部门都要加大对工程总承包发育的支持力度，积极帮助企业解决存在的困难和问题，切实解决工程总承包的市场准入问题。

（三）建立和完善融资、保险服务体系，为企业推进和发展工程总承包市场主体提供经济支撑

针对我国工程总承包企业融资能力不足的实际，我们将和有关部门一起，积极推动金融部门完善金融服务的产品和程序，建立适合国际市场的融资渠道和国际工程承包市场所通行的项目融资方式，满足企业开拓国内外市场的需要；积极推动工程总承包企业与国内外金融机构的合作，扩大企业的融资渠道；积极推动国内商业银行、信用保险机构，尽快建立和完善我国企业海外投资风险评估体系，进一步完善工程信用担保制度，为我国企业推进发展工程总承包市场主体提供经济支撑创造良好社会环境。

（四）重点培育扶持一批具有综合实力和较高服务水平的工程总承包企业

《关于加快建筑业改革与发展的若干意见》强调："大型设计、施工企业要通过兼并等多种形式，拓展企业功能，完善项目管理体制，发展成为具有设计、采购、施工管理、试车考核等工程建设全过程服务能力的综合型工程公司"。要按照意见的要求，从现有条件较好、实力较强的设计、施工企业中，重点确定扶持一批资本雄厚、人才聚集、科技领先、管理过硬的企业，跻身于国内外工程总承包市场竞争中。

针对我国设计、施工企业的现状，我们要采取以下措施，加快改造和培育一批具有国际竞争实力的工程公司。一是加强大型设计单位、施工企业创建国际型工程公司的指导和培训。对设计企业已出台了一个指导意见，近期要研究出台对施工企业开展工程总承包的指导意见；二是制定支持企业"走出去"的政策意见，帮助企业在国际竞争中，按照国际通行的模式，制定创建国际型工程公司的实施计划，推动它们率先建设成为具有国际竞争实力的工程总承包企业。目前，商务部和我部等八部委联合上报国务院的《关于进一步推进对外承包工程发展的意见》即将出台，文件在信贷、保函等方面对"走出去"的企业给予政策扶持，必将进一步促进对外工程承包和对外工程总承包企业的发展。

（五）加强自身建设，努力提升工程总承包企业的核心竞争力

搞好工程总承包，企业自身要做出不懈的努力。一是坚持人才竞争战略，加强人才培养。培养一大批企业所需要的项目经理、设计经理、采购经理、施工经理、控制经理、财务经理以及合同、商务管理等方面的人才，以适应国内外工程建设市场的需要；二是创造条件，拓展服务功能。具有大型设计、施工资质的企业要发挥功能优势，不断开拓服务领域，起"龙头"作用；三是坚持自主创新，加快技术进步，提高管理水平。要建立健全与国际接轨的、适应工程总承包项目管理的组织机构和管理体系，积极推广、开发应用具有国际先进水平的工程项目管理软件，重点开发具有自主知识产权的专有技术和专利技术，依靠技术占领市场。从而全面促进企业工程总承包整体水平和核心竞争力的提高；四是大力提高项目管理的计算机应用水平。引进、开发、应用国际先进水平的项目管理软件，提高项目管理软件的集成化水平，对工程建设的全过程实施动态、量化、科学的系统管理和控制。

（六）充分发挥行业协会、高校和大型企业的作用

在推行我国工程总承包的过程中，要充分发挥行业协会、高校和大型企业的特殊作用。有条件的行业协会、高等院校、大型企业等机构要加强对工程总承包和项目管理的理论研究，抓紧制定有关管理规范，开发先进的项目管理软件，提高项目管理水平；要加强同国际项目管理和工程承包有关协会、学会等行业机构的联系与协作，对国内外项目管理与工程总承包的最新动态和科技成果，中外项目管理与工程总承包的发展趋势和成功经验，最新项目管理方法和技术等方面进行研究，并及时组织交流和推广；要建立和健全我国工程总承包的教学和学术研究机构，进行项目管理的学术研究和项目管理人才的培养。要继续发挥行业协会、高校等机构的培训作用，加强对企业需求的工程总承包复合型人才和专业人才的培训，为企业人才需求搞好服务。

同志们，"十一五"期间，是我国建设事业发展的重要战略机遇期。面对经济全球化不断深入、科技进步日新月异、市场竞争愈演愈烈的国际市场，全面推进工程总承包建设方式，加快建筑业与国际接轨，已成为我们当前面临的一项十分重要而又迫切的任务。我们要认真贯彻党的十六大和十六届三中、四中、五中、六中全会精神，按照科学发展观的要求，开拓进取，扎实工作，努力加快建筑业的改革和结构调整，为推动工程总承包与对外承包事业的发展，为促进建筑业又快又好的发展，做出新的更大的贡献。

面临新的机遇和挑战

——建设部质量安全与行业发展司司长徐波谈2007年工作重点

李春敏 董子华

我国加入WTO过渡期即将结束,我国建筑市场的竞争规则、技术标准、经营方式、服务模式将进一步与国际接轨,建筑业企业将在更大范围、更广领域和更高层次上参与国际竞争。今后一个时期,建筑业企业将面临着国内外市场激烈竞争的挑战。受行业内过度竞争和收益水平偏低的影响,在市场竞争加剧、投融资管理体制的改革和现代建筑市场体系逐步完善的大环境下,市场淘汰将进一步加速。同时,WTO过渡期结束后,具备技术、管理、人才、资金优势和竞争实力的境外承包商将进入我国建筑市场,与国内企业争夺大型工业、能源项目和土木工程的总承包市场,以及大型标志性建筑的设计市场,人才争夺也将进一步加剧,市场竞争更趋激烈。市场竞争方式开始由国内的、区域的、不完整的竞争,转向国际化的、全方位的竞争;由工程能力的竞争,转向承建能力加上融资能力的竞争;由单一的设计或施工的竞争,转向项目管理及工程总承包的竞争;建筑业企业改革与发展也将由单纯追求产值、规模,转向以市场需求为导向、增强影响性及提高经济效益、社会效益、环境效益。

我们在看到建筑业将面临的日趋激烈的竞争和挑战新的挑战,也要看到建筑业正面临重要的发展机遇。今后五年,我国建筑业总量将会持续稳定增长,建设工程产品也将面临升级换代的新需求。具体表现在:城镇化的加速推进使得基础设施和住房需求量增大;第二产业优化升级,工业建筑需求旺盛;奥运、世博、南水北调等重大项目正加紧建设,西部大开发、中部崛起、东北老工业基地振兴等将形成更大的发展规模;新农村建设将成为重要的潜在市场。全面建设小康社会的进程加快为建筑业提供了新的发展机遇,"十一五"将是建筑业难得的发展机遇期和大有作为的时期。

在新的形势下,行业发展的走势如何?建设部质量安全与行业发展司司长徐波谈到了2007年的几项重要工作内容。

问：日前您在有关文章中提到当前我国建筑业发展中存在的一些问题，例如现代市场体系发育不成熟，建筑业资源、能源耗费大，技术进步缓慢，国际竞争力不强，工程咨询服务体系不发达，政府投资项目建设的市场化程度不高，政府工程建设监管体制有待于进一步完善，安全生产工作有待于进一步加强等。

面对这些问题，今后一个时期，建设部在培育和建立统一开放、竞争有序的建筑市场方面将采取什么措施？

徐波（以下简称徐）：当前，我们要抓紧培育和建立统一开放、竞争有序的建筑市场。建立现代建筑市场体系，培育和发展建筑业生产要素市场和中介服务市场；培育建筑业劳务市场，大力发展劳务企业，加强建筑劳务基地建设；培育建筑机械设备租赁市场，提高建筑机械设备社会化、市场化程度；培育工程技术咨询和中介服务市场，推动技术创新和科技成果转化，推广先进适用的建筑新技术、新工艺；培育竞争有序的建筑材料流通市场。通过培育发展上述市场，降低交易费用，推进科技创新，提升产业层次。

同时，进一步完善建筑市场交易规则，完善招标投标制度，调整强制性招标的范围，逐步实现非政府投资项目在不影响公共安全和公众利益的前提下，业主自主决定是否招标。及时修订各类合同示范文本，积极创新项目管理模式。构建适应市场经济体制的工程造价管理体系。积极推行工程量清单计价，进一步完善配套措施，形成"统一工程计量，政府间接调控，市场形成价格，主体依法结算"的机制，构建适应市场经济体制的工程造价管理体系。进一步完善工程造价信息网络，及时统计并发布各类施工企业的社会平均成本、工程造价指数等反映社会平均水平的消耗量标准和价格信息，加大对计价行为的引导力度，提高工程造价市场化水平。

还要继续整顿规范建筑市场秩序，彻底打破行业垄断和地区封锁，维护全国统一、开放、竞争、有序的建筑市场环境。加大建筑市场监管力度，严厉查处各类不正当竞争行为，建立和完善工程风险管理制度，建立健全建筑市场信用体系。

问：在调整建筑业产业组织结构，发展体现产业集中度的"龙头"企业等方面，部里将采取什么措施？

徐：关于这方面的问题，要进一步打破部门、行业、地区、所有制的界限，按照市场需求、优势互补、企业自愿、政府引导的原则，鼓励具有较强竞争力和综合实力的大型建筑业企业为"龙头"，联合、兼并科研、设计、施工等企业，实行跨专业、跨地区重组，形成一批资金雄厚、人才密集、技术先进，具有科研、设计、采购、施工管理和融资等能力的大型建筑企业，使之成为带动建筑业整体水平迅速提高和开拓国际市场的主导力量；特别要根据资源密集型工业，如煤炭开采、钢铁和有色金属冶炼与压延、石油化工、火力发电、建筑材料、造纸等行业的生产能力向大企业集中的趋势，积极发展对应上述领域具有设计、采购、施工管理、试车考核等工程建设全过程服务能力的国际型工程公司。

构建完善的建筑市场供应链体系，大力推进建筑业社会化和专业化分工，推进"龙头"企业外部的专业化分工，培育发展区域专业承包企业集群和建筑部件生产制造企业集群，大力发展劳务企业，构筑以总承包企业为龙头，专业承包企业和劳务分包企业为基础，层次结构合理、分工明确、配套协作、整体优势明显的供应链体系。同时应积极推进建材等其他制造业与建筑业的融合。

大力发展为工程建设服务的工程咨询服务体系，包括可行性研究和评估、勘察、设计、监理、招标代理、造价咨询、项目管理、技术服务及管理咨询、市场调查和分析、信息服务、会计和法律服务、商务服务等技术与知识密集的咨询服务机构，提高工程建设的效率，降低建筑业企业生产经营和项目管理成本。应鼓励有条件的中介服务机构通过改制、联合和重组，向能提供多方面服务的大型咨询服务公司发展，同时积极发展小而专、小而精的服务机构，建立市场化、网络化的工程咨询服务体系。此外，还应大力发展由注册建筑师或注册工程师牵头的专业设计事务所，促进建筑个性化创造的发展，繁荣设计创作。

问：在大力促进建筑业技术创新，建立健全建筑业技术创新体系等方面，将有什么新的措施？

徐：这方面首先是建立以企业为主体、市场为导向、产学研相结合的技术创新体系。充分发挥科研单位的工艺研发优势，高等院校的多学科综合研究优势，勘察设计企业的工程化能力优势和建筑施工企业的深化设计优势，建立和完善以高校和科研单位为主体的基础研究开发系统，以建筑施工企业和勘察设计企业为主体的建筑技术推广应用系统，以相关教育、培训、咨询机构为主体的中介服务系统，以政府主管部门和行业协会为主体的支持协调系统，形成以市场为纽带，以法律规范、经济杠杆和政策引导为主要调控手段，企业、高校、科研机构、咨询、中介服务紧密结合的建筑技术创新体系。

其次是建立并完善知识产权保护机制。按照市场经济的原则,建立以专利、专有技术权属保护和有偿转让为动力的技术创新激励机制,促进建筑技术资源的合理优化配置。要采取有效措施,依法保护勘察、设计、施工企业的专有技术、计算机软件、设计方案、勘察设计成果等知识产权,引导企业加强技术创新、发展自己的专有技术和工法。企业自身要加强知识管理,创建学习型组织,努力营造有利于技术创新的信息平台。鼓励骨干企业加强技术积累与总结,积极制定企业标准。

同时要切实发挥工程设计咨询在建筑业技术创新中的主导作用。工程设计咨询是建筑技术创新成果转化为现实生产力的桥梁和纽带,要切实发挥工程设计咨询在建筑业技术创新中的主导作用。工业设计企业要开发具有自主知识产权的专利和专有技术,在工业项目设计中积极采用高新技术和先进适用技术,把节约资源、保护环境、提高资源利用率和提升工业装备和工艺水平贯穿于工程设计全过程,努力降低单位产品的能源、原材料消耗,减少废弃物的排放和对环境的影响,促进循环经济的发展,提高项目建成后的综合效益。建筑设计企业要不断开发新型建筑体系,在建筑设计中既要充分考虑结构安全、建筑外观、使用功能,又要充分考虑资源节约、环境保护和全生命周期成本等因素。

还要加强建筑业新技术、新工艺、新材料、新设备的研发和推广应用。要引导、支持和鼓励建筑业企业面向工程实际、面向市场需求加大科技投入,设立实验室和中试基地,进行具有前瞻性的技术研究,作好技术储备。要加快开发和推广应用能够促进我国建筑业结构升级和可持续发展的共性技术、关键技术、配套技术,全面推动信息技术在建筑业中的应用,建立并完善协同工作模式、流程和技术标准。建筑业企业要积极发展成套技术,提高工程技术集成创新能力,同时要不断提高装备技术水平,改进施工工艺,减少手工作业,减轻操作人员劳动强度。

还要进一步完善有利于建筑业技术创新的配套政策措施。在企业资质标准中,应进一步体现企业管理技术、科技创新、资源节约和企业效益等内容,引导企业加强管理,降低资源消耗,提高企业以技术创新能力为主要内容的核心竞争力。应重点扶持具有工程核心技术或专有技术的国内企业参与政府投资工程建设,政府投资工程项目应成为建筑业共性技术、关键技术研发和应用的重要平台。

问:在通过体制和制度创新促进建筑业健康发展方面,建设部将采取什么措施?

徐:首先,深化工程建设项目组织实施方式改革。要在以工艺为主导的专业工程、大型公共建筑和基础设施等建设项目上大力推行工程总承包建设方式,将过去分阶段分别管理的模式变为对所有阶段进行系统化考虑的管理模式,使工程建设项目管理更加符合建设规律和社会化大生产的要求。

其次,改革现行的设计施工生产组织管理方式。逐步改变设计与施工脱节的状况,实现设计与施工环节的互相渗透,提高工程建设整体效益和技术水平。大型工程设计企业要进一步强化方案设计和扩初设计能力,大型施工企业要进一步强化施工图深化设计能力,发展各类专业施工详图的集成设计能力。大力发展各类兼具设计施工能力的专业承包企业,促进设计与施工技术的结合与发展。

再次,改革政府投资工程建设方式。要建立权责明确、制约有效,专业化、社会化、市场化的政府投资工程建设项目组织实施方式,并积极推行以优化设计为主要内容的设计咨询,提高投资效益。非经营性政府投资工程应当通过招标选择具有项目管理能力的企业负责组织实施,采用含施工图设计的工程总承包方式,竣工验收后移交使用单位。经营性政府投资工程要进一步健全项目法人责任制,积极采取工程总承包或工程项目管理等方式组织项目建设。

同时,建立并完善工程质量市场保障机制。积极引导各地大力推行工程质量保险,充分运用市场手段和社会资源,克服质量责任主体多变性和工程质量责任长期性之间的矛盾,提高工程技术风险控制能力,完善建设工程质量保证机制。积极培育和规范工程质量检测、建筑司法鉴定、施工图审查等中介服务机构,发挥其技术优势为市场主体提供评价、审查、鉴定等服务。

还要通过组织结构和服务创新增强企业活力和竞争力。加快企业产权制度改革,建立现代企业制度,完善企业法人治理结构。推进企业经营服务创新,明确战略定位,重视价值链选择,及时调整转换赢利模式。大型工业设计、施工企业要通过兼并重组和自身功能再造等多种形式,拓展市场经营范围,完善项目管理机制,提升服务能力,发展成为工程总承包企业。大型综合性建筑设计企业应面向大型公共建筑,强化方案设计和扩大初步设计能力,逐步将施工图设计分离出去,拓展建设项目前期咨询和后期项目管理功能，发展成为项目管理公司或工程咨询公司。

问：在实施人才兴业战略，发挥建筑业比较优势，实施"走出去"战略等方面，部里有些什么想法和措施？

徐：在实施人才兴业战略方面，首先要构筑建筑业人才体系。要加强人力资源开发，培养造就一支以高素质的企业家、优秀项目经理（建造师）为主体的高级管理人才、专业技术人才队伍和以技师、高级技工为主体的技术精湛的技工队伍；要通过工作实践和有针对性的培养，形成由专业技术带头人、技术骨干和一般技术人员组成的专业人才梯队。加速培养开拓国际市场需要的懂技术、会管理、善经营的复合型人才。

要加速建筑业人力资源的开发与整合。完善建筑业从业人员职业资格制度和职业技能岗位培训制度，建立起建筑科技人力资源交流、培训、考核鉴定的社会化平台。应推进建筑工人技师考评制度的改革，在技能培养、岗位使用、竞赛选拔等方面制定并实施相应的激励政策，形成促进高技能人才发挥作用的制度环境。

还要切实抓好农民工的培训和教育。要将农民工培训纳入"农村劳动力转移培训阳光工程"，借鉴先进经验，加强组织协调，落实资金、师资力量，因地制宜切实抓好农民工培训，同时积极制定鼓励农民工参加职业技能鉴定，获取国家职业资格证书的政策，努力提高广大农民工的科学文化和职业技能水平。

同时构建多元化的培训体系。支持大企业和企业集团建立培训中心，加大教育经费投入，加快发展各类职业技能培训机构，形成行业、企业、社会相结合的多层次教育和培训格局；进一步规范行业教育管理和培训行为，努力提高培训质量。

在实施"走出去"战略方面，企业要加强"走出去"战略规划和管理，健全重点国家和地区的营销网络，广纳适应国际化经营的优秀管理人才，提高在世界范围组合生产要素的能力，实施标杆管理，发展核心和优势技术，尽快使本企业的经营规模、技术、工程质量安全管理水平和净资产收益率等达到国际同行先进水平。

国家鼓励企业开拓国际市场。建筑业企业应发挥自身技术和管理优势，进一步加大开拓国际市场的力度。政府有关部门要加快建立健全对外承包工程法规，积极推广我国工程建设标准，采取各种经济手段支持对外承包工程的发展，特别是采取有效措施鼓励工程设计咨询企业和项目管理公司积极开拓国际市场，并不断完善对外承包工程的监管体制和协调机制，切实加强行业自律，遏制恶性竞争。特别是要发挥比较优势参与国际竞争。要积极推动大型装备制造业企业与建筑业企业合作，在充分发挥建筑业自身比较优势的基础上，充分发挥借用其它行业的比较优势参与国际竞争。同时要提高融资能力，以带资承包工程换资源或以投资资源开发得工程的方式，形成新的竞争优势。

问：在加强工程建设管理和技术标准制定，完善安全生产保障体系等方面，建设部将采取什么措施？

徐：首先是推动工程项目管理理论创新，及时总结成功实践经验，提高建设工程项目的科学化、规范化管理水平，逐步形成完善科学的工程项目管理体系。要充分利用信息技术提高项目管理能力，实施精细生产模式。同时要有效应用清洁生产技术，推进"绿色施工"，减少施工对环境的负面影响，并在施工过程中节约使用各种资源，降低建筑施工能耗，创建节约型工地。

要全面提高我国工程建设领域标准化水平。要进一步完善工程质量技术标准和规范体系，加强标准编制前期研究，广泛吸纳成熟适用的科技成果，加快创新成果向技术标准的转化进程，以先进的技术标准推动创新成果的应用。在工程质量技术标准制定（修订）中，要充分体现资源节约和环境保护。同时借鉴国际先进标准，积极参与国际标准化工作，加快与国际工程建设标准接轨的步伐。

特别是要全面提高工程质量水平。要强化村镇工程、工程使用阶段等薄弱环节的质量监管工作。建立以施工图审查和工程质量检测为主要手段，各环节、主体联动的节能质量监管体系。要继续抓好住宅质量工作，研究建立建筑物特别是大型公共建筑定期安全性鉴定制度，保证建设工程全寿命使用周期内的安全。同时推广应用高性能、低能耗、可再生循环利用的建筑材料，提高建筑品质，延长建筑物使用寿命。

要进一步提高大型公共建筑可持续发展水平。要进一步规范建筑设计方案评选工作，建立科学的评审机制，明确评审专家责任，评委名单和评委意见应当向社会公示，提高方案评审的透明度；要改变单一注重外观，忽视安全、功能、节能及耐久性的价值取向，注重在全行业、全社会树立正确的建设和设计指导思想，营造一个积极理性的建筑创作氛围，引导建筑设计更加体现可持续发展的理念。

在完善安全生产保障体系方面，要严格实施安全生产许可证制度。要严格实施建筑施工企业安全生产许可制度，充分发挥该项制度在安全生产源头管理中的作用,把安全条件作为市场准入的必要条件,坚决淘汰清除一批不具备安全生产条件的施工企业,净化市场竞争环境。同时要强化对已经取得安全生产许可证企业是否降低安全生产条件的动态监管,不断加大安全监管和执法力度,以此督促企业全面落实安全生产主体责任,特别是建立健全以企业法定代表人为核心的企业安全生产责任体系。

要夯实企业安全生产基础。要突出抓好农民工安全培训教育,提高广大农民工的安全防护意识和素质。全面开展安全质量标准化活动,实现管理标准化、操作标准化和现场标准化,形成安全生产持续改进机制。要努力改善农民工的作业条件和生活环境,依法将建筑业农民工纳入工伤保险范围,切实维护农民工的职业安全卫生权益。要大力发展和建设良好的建筑企业安全文化,牢固树立安全发展的理念。依靠科技提高安全生产保障水平。要注重建设工程安全生产基础理论和关键技术研究,鼓励并支持建筑安全科学技术研究机构建设。加强安全科技产业发展,制定安全科技产业发展政策,加速优秀安全科技成果的转化及其产业化。大力推广应用先进适用的安全技术设备、防护用品和工艺,建立安全技术示范工程。及时总结重特大事故教训,组织修订不适应的安全技术标准,把先进适用的安全技术反映在强制性标准中,并强制淘汰危险落后的技术、工艺、材料和设备。

要完善建设工程安全生产的市场保障机制。积极培育建筑安全生产中介机构,进一步落实监理企业安全责任。继续推进和规范建筑意外伤害保险制度,发挥保险在防范事故方面的作用;要制定有利于安全生产的经济政策,研究建立建筑施工企业提取安全专项费用制度,把安全防护、文明施工费用作为非竞争性报价单列,引导和鼓励企业加大安全生产投入;研究制定建筑业伤亡事故最低赔付标准,提高安全违规成本;要加强安全生产诚信体系建设,建立企业和从业人员安全信用信息库及公示平台,加大舆论和社会对安全不良行为的监督力度。

问:在积极转变政府职能,加强服务保障体系建设等方面,部里将采取什么措施?

徐:政府主管部门要进一步优化组织机构,创新管理模式和手段,从行业管理转向市场监管,从注重微观管理转向宏观管理,从主要依靠行政手段转向综合运用经济、法律和必要的行政手段,坚持政企分开、政资分开、政事分开、政府与市场中介机构分开,切实转变职能,加快建设服务政府、责任政府、法治政府。

要正确处理政府、企业和市场的关系。政府主管部门要按照行政许可法的要求,减少行政审批,充分发挥市场机制在资源配置过程中的基础性作用。坚持政府规范市场,市场引导企业,企业改革发展的基本思路,积极转变职能,把精力和工作重点转到着力解决影响结构调整的体制和机制问题上来,转到为市场主体服务和创造良好发展政策环境上来,转到为市场的健康运行制定必要的法规,并严格执法,承担好市场监管者的角色,努力创造公平竞争的市场环境上来。

要更加注重社会管理和公共服务。政府主管部门在机构设置上,应按照适应经济体制改革和政府机构改革的要求,根据精简、统一、效能的原则,适时调整以往按行业管理模式设置机构的方式,切实改变政府在安全生产等涉及公共利益方面监管不力、力量不足的状况。要健全建筑行业公共服务系统,汇集包括不同层次的企业代表、高等院校、重大建设项目业主、金融界代表和研究机构、行业协会、专家学者定期研究本行业的发展动态,为行业发展提供服务性的研究成果;在加入WTO后过渡期的国际经济关系中,提供维护我国的建筑业产业安全和企业合法权益等优质、高效的政府公共服务。

要努力创新监管体制机制和方式方法。要不断研究工程建设监督管理工作面临的新形势、新特点,不断创新监管体制机制和方式方法。要系统发挥资质许可、招投标监管、施工许可、安全质量监管等各个管理环节的整体效能,形成监管合力。要进一步优化、整合建筑监管资源,将有限的监管资源充实到直接涉及到公众利益、公共安全等工作方面。同时要明确工作目标,完善责任制度,合理划分各级建设行政主管部门以及各个职能部门和工作岗位的监管责任,建立健全行政审批责任追究制和行政执法责任制,加强对建设行政行为程序的监督,提高行政效率。

还要积极发挥行业协会的作用。加大对建筑领域各协会、学会及专业协会等行业社团机构的支持和指导力度,积极发挥社团、行业组织和社会中介组织提供服务、反映诉求、规范行为的作用,形成社会管理和社会服务的合力。要充分发挥协会在市场协调、行业自律、标准制定、职业教育等方面的作用,彻底将现在由政府部门承担的具体行业管理职能移交给行业协会负责。行业协会应加强自身建设,完善服务功能,创建包括建立数据库向行业企业提供信息服务、为中小企业提供技术交流的平台等促进行业发展的综合性支撑体系。

特别关注

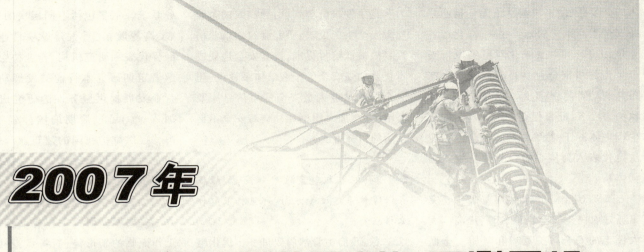

2007年
中国经济形势分析与预测展望

王佐

2006年中国经济形势分析与预测秋季座谈会10月10日在中国社会科学院报告厅举行。著名经济学家刘国光作了题为"坚持正确的改革方向"的发言。刘国光认为：正确的改革方向就是力求使社会主义制度不断地自我完善，它应以建立社会主义市场经济体制为目标，并非简单的"市场化改革"。

中国社会科学院经济学部"中国形势分析与预测"课题组负责人汪同三教授作了"中国经济形势分析与预测"的主题报告。报告主要内容包括：

宏观经济形势分析

报告认为：从前三个季度的统计数字来看，2006年我国经济增长速度快，企业效益较好，城乡居民收入增长较快，市场价格平稳，国内外需求比较旺盛，经济发展总体形势良好，具体表现在这样一些方面：

第一，经济平稳快速增长。我国GDP在已经连续三年增长超过10%的基础上，2006年上半年增长率又达到了10.9%。拉动经济增长的三驾马车——消费、投资和净出口都保持了较快增长。上半年全社会消费品零售总额现价增长了13.3%，全社会固定资产投资现价增长了29.8%，外贸进出口总额增长了23.4%，为全年和下一年国民经济的较快增长创造了条件。

第二，消费增长明显加快。我国全社会消费品零售额2006年第一季度增长12.8%，上半年增长了13.3%，前8个月增长了13.5%，呈逐月加快的态势，达到了1998年以来的最高水平。2006年上半年消费增长对GDP增长的贡献比2005年提高了近两个百分点，表明近来大力启动国内消费需求的措施已经产生了一定效果。

第三，过快的投资增长有所减缓。2006年上半年我国的投资增长有出现了反弹迹象，第一季度城镇投资增长达到29.8%，上半年更高达31.3%，在及时采取各项调控措施以后，前7个月下降到30.5%，前8个月进一步下降到29.1%。投资增速的有所回落，防止了宏观经济由"偏快"转入"过热"。

第四，在经济加快增长的同时经济效益也有所提高。1~7月份，全国规模以上工业企业（全部国有工业企业和年产品销售收入500万元以上的非国有工业企业，下同）实现利润9679亿元，比去年同期增长28.6%。工业经济效益综合指数183.4，比去年同期提高15.95点。同时，国家财政税收增长22.3%，保持了较好的财政税收形势，为促进全国经济社会的持续稳定和谐发展提供了有力保证。

第五，居民收入水平继续提高，民生状况进一步改善。2006年上半年城镇居民人均可支配收入和农村居民人均现金收入的增长幅度都有明显提高，达到近年较高水平。全年城镇新增就业目标已经完成过半。各级政府对各项社会事业发展的投入力度不断增大。

第六，市场价格平稳。目前虽然经济增长速度较高，但价格总体水平仍然保持稳定，截至8月份，全国居民消费价格同比上涨为1.3%上下，属于相当温和的水平。投资品价格上涨幅度与居民消费价格上涨幅度的差距有所缩小，为中长期保持总体价格水平的稳定创造了一定条件。需要注意的是，我们在判断近期总体价格水平保持平稳的同时，千万不能忽视宏观经济运行中存在的某些过热因素可能引发的通胀危机。

报告指出：2006年我国宏观经济总体运行平稳，经济社会发展取得了显著的成绩。但是我们必须清醒地看到，自年初以来我国经济生活中还存在着一些突出矛盾和可能影响经济社会发展全局的重大问题。这些问题主要有：第一，与消费需求增长相比，固定资产投资增长幅度偏高，投资增长存在反弹压力。第二，与生产增长速度相比，货币信贷供给增长速度偏快。第三，外贸和国际收支的"双顺差"继续扩大对外贸易的不平衡压力加大，国际收支不平衡的矛盾突出。第四，房地产行业中存在着部分大中城市房价上涨过快，直接影响居民生活稳定。此外能源消耗过多，环境压力增大的问题仍然突出，涉及人民群众利益方面还存在不少需要认真解决的问题。

报告还认为：我国经济生活中存在的这些问题是相互关联、相互影响的，投资增长过快会直接逼迫信贷增加，会炒热房地产业，过度的投资形成的过剩生产能力会形成出口压力；过多的信贷货币供给直接为过快的投资提供资金条件，促使房地产价格上涨和出口较快的增加；而"双顺差"的存在在国内会形成货币供给趋向增加的压力，诱导投资的增加，同时对外产生人民币升值的压力，吸引境外投机资本流入房地产业，并可能影响国内就业。上述这些问题是我国经济社会生活中长期存在的深层次矛盾在当前条件下的新表现，具有相当程度的复杂性。它们既反映了我国社会经济发展已经进入了一个新阶段的特点，也反映了改革开放以来我国经济体制和经济活动主体构成已经发生了深刻变化的事实。面对这样的形势，我们必须坚定不移的继续深化各项改革，同时要使宏观调控政策措施适应新的阶段、新的体制和新的经济主体构成的自身特点和运行规律。

明年经济工作应注意的问题

在谈到2007年宏观经济工作需要注意的问题时，报告列举了如下几点：

1、防止过度投资引致出现新的产能过剩

2005年下半年宏观经济运行中凸现的一个问题是某些部门存在着产能过剩，为此曾开始采取应对和化解措施。然而进入2006年以后，产能过剩问题逐渐淡出了人们的视野，代之而来的是货币供给和银行信贷增长速度的加快，一些原来担心出现过剩亏损的生产资料的价格出现回升，生产增长速度加快，企业总体盈利状况有所好转。出现这样的局面是与2006年年初以来固定资产投资的急剧增长相联系的。2006年初投资增长速度的再度加快，投资增长速度的提高意味着投资需求增长速度的提高，投资增长对投资品的需求，直接吸纳了上游产业可能出现的过剩产能，并激起上游产业部门的再度扩张，形成经济景气在生产资料生产部门内部的加速自我循环。然而投资的高增长只是暂时掩盖了由于投资与消费比例失调造成的产能过剩问题，这种上游产业部门内部的加速自循环是不可持续的，这种供求关系短期平衡的恢复是以未来更为严重的不平衡为代价的。如果不加强宏观调控，把过快增长的投资稳下来，未来将会面临更为严重的产能过剩问题。

2、打破经济运行中的不良循环链

自2005年下半年开始，我国出现因盲目投资造成的某些部门的产能过剩问题。这一问题与较长期存在的一些深层次的矛盾相互交织，发展到今日，出现了一个经济运行的不良循环链：由于某些部门的产能过剩，国内市场需求相对不足，迫使过剩产品寻求国外市场，造成出口增加。出口的大量增加使得外贸顺差明显增加，外汇收入相应增加在现行外汇管理体制下，货币当局不得不增发基础货币，使得国内货币供应量增加。基础货币的增加，使得国内信贷供给相对宽松，为投资的过快增长提供了资金基础。由于国内收入分配方面存在的问题，投资与消费的比例失调，居民收入增长速度滞后于经济增长，造成消费需求相对不足，经济增长主要依靠投资需求和出口需求拉动，在这种情况下，货币供给宽松形成的隐性的通货膨胀压力，虽然造成在相对较长的时期内，投资品价格与消费品价格的相对背离，却没有直接形成消费价格指数的明显上涨，而是使资产价格水平，包括房地产价格出现了明显上涨。这种状况更形成了在某些短期有利可图的上游产品部门的盲目投资热，而在未来出现更严重的产能过剩问题。这种经济运行中的不良循环链可以使某些部门、在某一时期内出现歌舞升平的现象，但是从长期来看，只会掩盖乃至激化经济结构和体制方面存在的深层次的矛盾,增大宏观调控的难度,甚至危及宏观经济的持续稳定增长,成为构建社会主义和谐社会的隐患。

如果我们从经济运行中存在这样的不良循环链的角度,来认识和分析目前存在的投资、货币供给、外贸和国际收支不平衡,以及房地产方面存在的问题,就可以更好地理解,为什么它们是相互联系、相互影响的,是我国经济社会生活中长期存在的深层次矛盾在当前条件下的新表现,具有相当程度的复杂性了。

自2006年年初以来,我们已经采取一系列经济的、行政的宏观调控措施,到目前为止已产生一定效果。主要表现在月度投资增幅已经出现回落,货币供给增幅开始有所减缓。但是外贸和国际收支的不平衡状况仍然在进一步发展。除个别城市外,全国总体房地产价格还在较明显地上升。因此此一轮宏观调控还需要进一步完善,抓住关键环节,采取必要措施,打破经济运行中的不良循环链,不仅解决好短期问题,同时为解决长期存在的深层次问题打下基础。

应该说,外贸和国际收支不平衡问题,特别是外贸顺差激增,是当前宏观调控需要着力解决好的问题。解决好这一问题不仅在对外关系方面收益颇多,更有利于在一定程度上阻断国内投资过快增长的资金供给,抑制投资反弹,同时有利于调整投资与消费的结构比例关系。要做到这一点,关键是加快汇率形成机制改革的步伐,使汇率这一货币政策的重要手段通过市场机制发挥更为重要宏观调控的作用,同时要及时调整出口退税政策。通过金融货币政策和财政税收政策的配合实施,争取缓解外贸顺差过大的问题。

一段时期以来房地产价格上涨过快的问题是经济运行中存在的不良循环的直接孪生物。不良循环中过高的货币供给和投资的一个重要的投向,就是房地产业。在过去一段时期中,相当数量的违法使用土地案件涉及到房地产开发,房地产业通常是增长速度最快的部门之一,房地产业获得的信贷数量通常也是增长最快的。统计资料显示,2006年上半年房地产开发贷款总额达到2743亿元,同比增长56.4%,增幅比去年全年高35个百分点。从这些情况来看,抑制房地产价格上涨过快也应该是当前宏观调控着力解决好的问题。

然而与解决外贸不平衡主要需要依靠货币和财税政策通过市场调节来进行不同,进一步解决房地产价格过快上涨问题,需要更多地使用政府行政手段。受房地产价格上涨过快影响最严重的是普通群众,特别是中低收入阶层。解决中低收入阶层的住房问题与控制房地产价格是两个性质不同的问题。由于住房具有私人物品和公共物品的二重性,我们不能简单地通过市场来解决所有居民的住房问题。住房作为私人物品,其价格应该由市场决定;而作为公共物品,政府有责任要满足中低收入阶层基本的住房需要。因此,我国目前中低收入阶层对房地产市场不满的真正原因应该说是政府的缺位。所以,解决目前房地产价格上涨过快需要从两方面入手:一方面是,在严肃整顿土地供给秩序的同时,从各个环节治理经济运行中的不良循环,抑制隐性通货膨胀对包括房地产价格在内的资产价格的影响;另一方面更重要的是,充分利用政府掌握和能够调动的资源最大限度地为中低收入阶层提供廉租住房,做到各级政府在保障中低收入阶层住房方面的不缺位。

3、解决好地方政府对中央宏观调控政策的响应问题

2004年开始的这次宏观调控已取得一定成效。主要表现在:宏观经济增长连续数年保持在10%以上,而物价水平相对稳定,同时就业状况也较为平稳。尽管城乡居民收入差距扩大,但是农村居民收入增长加快,居民生活水平明显提高。中国的经济社会发展成果辉煌,举世瞩目。取得这样的效果实属不易。但是对这次宏观调控的成效也不能高估。经济增长速度还偏高,投资增速快、规模大的问题还未能有效抑制,经济结构调整的任务还很艰巨。存在这些问题主要是因为,随着经济的加速增长和社会主义市场经济体制的深化,社会不同阶层之间、全国不同地区之间、产业不同部门之间出现了多种利益主体,他们之间的关系复杂,各种矛盾交织,使宏观调控难度大大加大。

在诸多矛盾中,地方政府对中央调控政策的响应程度不高,是影响宏观调控效果的一个重要问题。某些地方对宏观调控政策采取各种化解措施的趋势越来越明显。之所以出现这样的问题有多方面的原因。除了中央与地方、全局与局部之间必然存在的矛盾,以及目前干部管理体制和行政管理体制中尚存的急待进一步改革的问题之外,最重要的原因是中央与地方目前存在着财权与事权的日益不对称。党的十六大提出全面建设小康社会的目标,十六届五中全会提出构建社会主义和谐社会,这些目标代表了广大人民群众的根本利益和长远利益,受到全国人民和各级干部的衷心拥护。但是由于我国总体发展水平还比较低,城市化建设、各项基础设施建设、环境与生态的保护与恢复,任务艰巨,需要大量的投资支撑。同时建设社会主义新农村、减轻农民负担、保障当地就业、健全社会保障体系、发展基础教育和医疗卫生事业都需要大量的资金。落实这些目标的具体工作在相当程度上是各级地方政府的任务。在事权划分上地方政府的事权大大增加了。而在财权划分方面,地方政府的财权却有相对减小的趋势。中央与地方的财政收入的划分比例,2000年为52:48,2004年已经上升到55:45。虽然中央政府在不断加大转移支付的力度,但对大多数发展相对落后的地区来说,转移支付的规模与他们的期望,与当地发展需要相差甚远。在巨大的经济社会发展压力下,地方必然产生通过发展工业,增加就业,增加财政收入,以解决当地各种经济社会问题的内在动力。地方往往在把上项目、求发展,片面追求GDP放在首要位置,而存在忽视保护耕地、保护环境,和忽视采用先进技术和要求规模效益的趋向,特别是地方不太关心宏观经济"过热"会引致通货膨胀的问题。

当前,我们在加强和完善宏观调控的工作中,应该注意如何解决好地方政府对中央宏观调控政策的响应问题。一方面,需要研究和解决如何在中央和地方适当合理地调整事权和财权的关系,多渠道加强地方财力,充分调动地方发展经济和各项社会事业的积极性。另一方面,要认真转变政府职能,规范政府投资行为和投资资金来源渠道。坚决制止某些地方政府有钱乱投资,没钱借钱投资的行为。应该看到,全国投资控制不住,地方政府有很大责任。落实宏观调控政策,必须严肃纪律性,强调全国步调一致,令行禁止,保证宏观调控取得积极全面的效果。

4、努力完成"十一五"规划制定的各项经济社会发展目标

2006年是执行"十一五"规划的第一年,我们应该注意到,在经济增长的同时,目前确实还存在着与"十一五"规划要求相悖的倾向。在经济结构方面,有两个问题值得关注:

第一,连续多年,我国投资增长速度高于消费和国内生产总值的增长速度,使得投资率不断上升,增大了调整投资与消费的比例关系的难度。"十一五"规划要求,"要进一步扩大国内需求,调整投资和消费的关系,合理控制投资规模,增强消费对经济增长的拉动作用。"但今年上半年投资的增长速度明显高于消费。如果这种投资波动的态势演变成长期趋势,将不利于"十一五"规划关于调整投资与消费比例关系任务的完成。

第二,产业结构升级是提高经济增长质量、转变经济增长方式的重要标志,产业结构升级一方面要使第一产业占GDP的比重下降,另一方面要不断提升服务业占GDP的比重。而要实现后一条,则要求服务业的增长速度高于第二产业增加值的增长速度。2005年我国服务业增长低于第二产业增长;2006年上半年的统计数字仍然显示,服务业增长低于第二产业增长。"十一五"规划要求"产业结构优化升级。产业、产品、企业组织结构更趋合理,服务业增加值占国内生产总值比重和就业人员占全社会就业人员比重分别提高3个和4个百分点。"而目前的状况是,服务业增长低于第二产业增长的趋势仍将继续下去。

此外,外贸顺差激增、基尼系数上升、城乡居民收入差距扩大、单位产出能耗仍有上升、废弃物减排困难等问题的存在,都说明完成"十一五"规划任务的艰巨性。我们在加强和完善宏观调控、积极解决当前经济运行中存在的问题的同时,要把短期问题的解决与经济社会长期发展目标的实现结合起来,特别是要与"十一五"规划提出的战略目标的实现结合起来。只有这样才能避免宏观经济运行出现大起大落,保持可持续的平稳快速增长,最终实现"十一五"规划提出的宏伟目标。

政策建议

报告最后提出了宏观调控的政策建议,它们分别为:

1、继续加强和完善宏观调控。在宏观调控措施上要综合使用经济的、法律的,和必要的行政手段。在目前宏观调控措施已在信贷和固定资产投资方面初见成效的情况下,应该更多地发挥市场机制的作用,同时加强在土地审批、环保评价、技术要求、规模效益方面的严格管理,既防止盲目投资、上项目造成总体"过热",又保持经济较快增长的势头,提高投资效益。

2、着力调整投资与消费的结构比例关系。一方面要看到,虽然目前月度投资增长速度有所减慢,但是诸多已开工项目和将要开工的项目,以及各方面的投资热情,仍然会形成投资反弹的巨大压力,千万不可掉以轻心。在防止投资反弹的同时,应继续大力保持居民消费增长加快的势头,调整和优化投资与消费的比例关系。

3、加快税收体制改革,发挥好财政政策的调控作用。为解决外贸顺差过快增加,应及时对出口退税结构和规模进行调整。为稳定房地产市场价格,应考虑对非自用住房开征房地产税。各级财政支出应进一步向各项社会事业的发展倾斜,向弱势群体倾斜。

4、加强金融货币政策的灵活性,发挥好货币政策的调控功能。与财政政策相比,货币政策应该具有更大的灵活性。针对目前货币供给、投资规模，以及外贸顺差方面存在的问题，应该适度提高利率，同时加快汇率形成机制改革，加强汇率变动的灵活性，充分发挥金融货币政策对宏观经济的调控作用。

5、政府职能到位，加强房地产市场的管理。首先，各级政府要尽到为中低收入阶层提供廉租住房的职责，稳住中低收入阶层住房这一头，是平衡对住房的供求关系，稳定房地产市场价格的重要环节。同时政府要加强对房地产市场的管理，严厉打击房地产业中的违法和腐败行为，维护正常的市场秩序。

6、合理调整中央与地方的事权和财权划分。地方政府，特别是经济发展较为落后的地方，所承担的事权和拥有的财权的不对称，是造成地方投资冲动，对中央宏观调控响应度不高的一个重要原因。进一步科学地、合理地、规范地划分中央和地方的事权和财权，是未来进一步完善宏观调控，保持全国和地区经济持续平稳较快增长的重要工作。

7、将短期宏观调控目标与长期经济社会发展任务结合起来。经济结构调整一直是各项经济工作的主旋律，而短期的宏观调控主要针对的是结构失衡问题。因此，宏观调控工作要特别注意如何将当前调控目标与最终实现"十一五"规划规定的任务统一起来。我们应充分认识目前在完成"十一五"规划规定的某些任务方面存在的困难的艰巨性，及时采取有力措施，争取较好完成这些任务。

中国社科院副院长陈佳贵、中国社科院经济所所长刘树成、国务院发展研究中心战略部部长李善同，以及来自中央各大部委、大专院校以及媒体的代表约80余人出席了会议。

	2006年	2007年
1.总量及产业指标		
GDP增长率	10.5%	10.1%
第一产业增加值增长率	5.2%	5.0%
第二产业增加值增长率	12.5%	11.7%
其中：重工业	12.9%	12.1%
轻工业	11.8%	11.0%
第三产业增加值增长率	9.7%	9.4%
其中：交通运输邮电业	12.0%	11.2%
商业服务业	8.6%	8.8%
2.全社会固定资产投资		
总投资规模	112720亿元	137520亿元
名义增长率	27.0%	22.0%
实际增长率	24.8%	20.4%
投资率	54.5	59.5
3.价格		
商品零售价格指数上涨率	0.7%	0.6%
居民消费价格指数上涨率	1.3%	1.1%
投资品价格指数上涨率	1.7%	1.4%
GDP平减指数	2.2%	1.5%
4.居民收入与消费		
城镇居民实际人均可支配收入增长率	10.5%	10.0%
农村居民实际人均纯收入增长率	6.1%	6.0%
城镇居民消费实际增长率	12.7%	12.4%
农村居民消费实际增长率	5.5%	5.6%
政府消费实际增长率	4.2%	4.6%
5.消费品市场		
社会消费品零售总额	76270亿元	86180亿元
名义增长率	13.5%	13.0%
实际增长率	12.7%	12.4%
6.财政		
财政收入	38070亿元	44840亿元
增长率	20.3%	17.8%
财政支出	40250亿元	46920亿元
增长率	18.6%	16.6%
财政赤字	2180亿元	2080亿元
7.金融		
居民存款余额	165700亿元	194160亿元
增长率	17.5%	17.2%
新增货币发行	3070亿元	3610亿元
新增贷款	31000亿元	33000亿元
贷款余额	225690亿元	258690亿元
贷款余额增长率	15.9%	14.6%
8.对外贸易		
进口总额	8080亿美元	9870亿美元
增长率	22.5%	22.0%
出口总额	9660亿美元	11100亿美元
增长率	26.7%	14.9%
外贸顺差	1580亿美元	1230亿美元

搞好命题工作 确保考试质量

◆ 缪长江

命题工作关系到考试质量。建造师执业资格考试刚刚起步,在命题、考试方面尚无经验,一些问题需要在命题、考试实践中进行研究并解决。下面就命题工作中应该注意的一些问题谈一些看法。

一、要处理好三个关系

(一)考试大纲与命题工作的关系

大纲是应考的依据也是命题的依据,其他考试是这样,建造师的考试也是如此。我们的命题工作要严格按照大纲的要求进行命题,不能超纲。

(二)综合试卷与专业试卷的关系

综合试卷考的是通用的理论和基础知识,专业试卷考的是专业技术、专业法规和解决实际问题的综合能力,侧重对理论、知识的应用。大纲就是这样处理的,需要引起注意。处理好这两者的关系就可以更好地处理好理论与实践的关系,充分发挥考纲的作用,还可以避免两者的重复和矛盾。

(三)专业与专业之间的关系

各专业科目之间的难度要大体相当,要避免难、易差别过大。各专业通过率应满足各专业工程建设需要,同时各专业通过率应大致平衡。

二、要把握好"四个度"

(一)效度

简言之解决好效度问题就是要确保试卷质量的稳定性。效度问题是任何考试都要注意的问题,建造师考试也不例外。我们的考试是一级建造师考试,这就要求我们既要严格按照考纲进行命题,又要与建造师的定位有机相结合才能提高考试的效度。一级建造师的考纲参考了欧、美地区发达国家的考纲,我们的水平要求与他们的水平大体相当。建造师的长远目标是从事工程项目管理,近期以施工项目管理为主。大纲要求要具有一定的前瞻性和稳定性,但大纲不是试题。有机结合不是空话,要结合就要认真分析大纲的结构,分析大纲的侧重,分析大纲知识点的分布,从大纲的结构、知识分布和侧重来看已经对建造师的定位、建造师的知识与能力等有了一个明确的要求。为了提高考试的效度,提高命题的质量仅仅做到不超纲还不够,还要体现出大纲对知识与实际能力的要求。要提高考试的效度还需注意试题稳定性的问题,这也是衡量试卷效度的重要指标。试题的效度是试卷效度的前提和基础。要保证对于不同的群体、不同的时间通过测试都能较好地测试出应试者的实际能力,具有了更好的稳定性才能具有更好的客观性,也才能具有更高的效度。

(二)信度

在解决好效度的前提下,要注意考试的信度问题。我们的试卷对不同的考生群体,具有甄别的作用,能够确保不同水平、不同实践能力的群体,通过应试而区分出好中差,这就是所谓试卷的可靠性。这里需要处理好试题、标答的正确性、科学性和严谨性,只有这样才能提高考试的可信度。

(三)区分度

区分度是衡量考试命题质量的又一个重要指标。在这里我们不仅要求对传统意义上的好、中、差有一个较好的区分度,还要求对那些能考不能干和具有丰富实践经验、具有较强实践能力的应考人员具有较好的区分度,就能够在一定程度上避免"能考不能干"、"能干不能考"的问题。执业资格考试不同于学历考试,它是一种重能力的考试。具有较高理论水平和较强实践能力是我们追求的目标,但在建造师制度的起步阶段,我们要更重视能力的检验。

(四)难度

难度与区分度相关。难度太大和太小都会降低考试的区分度,不利于人才的选拔。从趋势和考试规律来讲,试题难度应逐渐加大。

三、要掌握好几个量化指标

(一)7:2:1的指标

大纲对掌握、熟悉、了解的比例是按照7:2:1的指标处理的,在命题的分值分配上也要大体按这个指标掌握。

(二)25:60:15的指标

在70%的掌握中技术、管理、法规大致要按25%、60%、15%的题量分配。这个指标大纲中是这样掌握的,命题也要这样要求,这也是由建造师的岗位性质决定的。

(三)1:3的指标

本次命题各专业科目的客观题的分值是40分,主观题的分值是120分,客观题与主观题的分值比是1:3。专业科目的单选题、多选题主要应体现专业技术和专业法规方面的知识。

四、要处理好几个相关问题

(一)考虑行业的需求问题

建筑业的实际情况是:在建的大中型项目多,按一个项目经理同时只能负责一个项目的要求,现有一级项目经理的队伍远远满足不了实际工程的需要。从项目经理资质管理制度到建造师执业资格制度过渡的期限只剩三年,2008年之后建造师的需求量与拥有量之间的矛盾会更加突出,这里要强调的建造师的质量而非单纯数量。命题工作既要按考纲的要求进行命题,还应考虑行业的实际情况。如果由于考试的难度太大而导致通过率过低,使得建造师需求量与拥有量的矛盾加剧,一个建造师同时兼多个项目和无证上岗的现象就会难以避免,执业监管就更加困难,工程质量也就难以保证。要避免这一矛盾不是靠降低考试标准和考试要求,而是要求我们的命题工作要与从业人员的实际情况相结合、与建造师的执业要求相结合,让真正具有一定理论知识和丰富实践经验的从业人员经过一定的学习通过考试,缓解供需矛盾。

(二)项目经理存量的转化问题

尽管2004年一级建造师考核认定的通过量将接近2万,但与现有一级项目经理13万的存量相比数量仍然非常小。考核认定不是人人过关,而是优中选优。没有通过考核认定的有不少是具有丰富实践经验和较强解决实际问题能力的一级项目经理,他们或由于职称或由于年限或由于大型业绩的数量不足而没有通过认定。在存量人员的转化方面,政策上虽然规定满足一定条件的人员可以免考两门综合科目,但存量人员大都是离校时间较长、长期在一线的从业人员,在不降低考试标准的前提下,希望这些活跃在一线的项目经理补充一定的知识,通过考试获取建造师的执业资格。为此,要处理好实践与理论的矛盾,尽可能淡化理论知识的考试,而是侧重实际能力的检验和测试。

(三)考试市场的培育问题

考试既是人才选拔的手段,也是人才教育、人才培养的途径。建造师考试的起步阶段试题不宜太难,否则不能吸引大量的考生报考建造师。从表面上看它影响的是考试市场,从深层次上看它影响的是人才的教育、人才的培训、人才的选拔。考试能够带动人才的培养、人才的教育,能够扩大人才的选拔范围,提高人才的质量。要以考促学,以学促考,以学助干,促进考试市场的良性循环,最终达到提高从业人员水平,提高工程建设质量的目的。

(四)大纲的完善问题

从目前来看大纲比较完善,但还要进一步接受考试的检验,接受实践的检验。大纲需要在考试实践中不断完善,起步阶段更是如此。因此在这次命题工作中各科主编要注意搜集各种意见和建议,为下一步大纲的修订作好基础工作。

(五)纪律与保密工作的加强问题

大纲主编及有关参与命题工作的人员不得参与习题集的编写和考前培训工作。违规出习题集是一个纪律问题,命题工作的保密问题是一个法律问题。其他执业资格考试已有命题人员由于泄密而被判刑。因此要强调,所有涉密人员在保密期限内一律不得以任何形式泄露考试的秘密,要严格遵守保密协议。

建造师考试要借鉴其他执业资格考试的经验并吸取其教训,搞好命题的组织工作,确保考试质量。

2007年建造师考试专业将调整

穆 晓

日前，为适应建筑市场发展需要，有利于建设工程项目与施工管理，经建设部、人事部研究，对建造师资格考试《专业工程管理与实务》科目的专业类别进行调整。人事部办公厅、中华人民共和国建设部办公厅联合发出"关于建造师资格考试相关科目专业类别调整有关问题的通知"（国人厅发[2006]213号）具体调整如下：

一、一级建造师执业资格考试专业调整问题

（一）合并的专业类别

1.将原"房屋建筑、装饰装修"合并为"建筑工程"。

2.将原"矿山、冶炼（土木部分内容）"合并为"矿业工程"。

3.将原"电力、石油化工、机电安装、冶炼（机电部分内容）"合并为"机电工程"。

（二）保留的专业类别

此次调整中未变动的专业类别有7个：公路、铁路、民航机场、港口与航道、水利水电、市政公用、通信与广电。

（三）调整后的专业类别

调整后，一级建造师资格考试《专业工程管理与实务》科目设置10个专业类别：建筑工程、公路工程、铁路工程、民航机场工程、港口与航道工程、水利水电工程、市政公用工程、通信与广电工程、矿业工程、机电工程。

二、二级建造师资格考试专业调整问题

二级建造师资格考试《专业工程管理与实务》科目合并的专业类别与一级建造师资格考试该科目专业类别相同，取消了港口与航道、通信与广电2个专业类别。调整后，二级建造师资格考试《专业工程管理与实务》科目设置6个专业类别：建筑工程、公路工程、水利水电工程、市政公用工程、矿业工程和机电工程。

三、一级建造师资格考试专业衔接问题

为保证一级建造师资格考试《专业工程管理与实务》科目各专业类别调整的平稳过渡，在2007年度考试报名时应按照如下要求进行：

（1）已按原《专业工程管理与实务》科目相关专业类别报名参加2006年度考试，且部分科目合格的人员，在2007年度继续按照原各科目考试大纲的要求，参加其他剩余科目考试。

建造师专业新旧专业对照表

	新专业	原专业
一级建造师专业设置	建筑工程	房屋建筑工程、装饰装修工程
	公路工程	公路工程
	铁路工程	铁路工程
	民航机场工程	民航机场工程
	港口与航道工程	港口与航道工程
	水利水电工程	水利水电工程
	市政公用工程	市政公用工程
	通信与广电工程	通信与广电工程
	矿业工程	矿山工程、冶炼工程(土木部分)
	机电工程	电力工程、石油化工工程、机电安装工程、冶炼工程(机电部分)
二级建造师专业设置	建筑工程	房屋建筑工程、装饰装修工程
	公路工程	公路工程
	水利水电工程	水利水电工程
	市政公用工程	市政公用工程
	矿业工程	矿山工程、冶炼工程(土木部分)
	机电工程	电力工程、石油化工工程、机电安装工程、冶炼工程(机电部分)
	取消	港口与航道工程
	取消	通信与广电工程

(2) 在2007年度首次参加一级建造师资格考试的人员,报名时应根据本人实际工作需要,在调整后的《专业工程管理与实务》科目中选择相应专业类别。

(3) 自2008年度起,一级建造师资格考试报名均应按照调整后《专业工程管理与实务》科目的专业类别进行。

四、其他有关事项

(1) 各省、自治区、直辖市应根据建造师《专业工程管理与实务》科目专业调整情况,做好考试相关准备工作。

(2) 本通知规定的内容与《建造师执业资格考试实施办法》(国人部发[2004]16号)和《关于建造师专业划分有关问题的通知》(建市[2003]232号)中有关规定不一致之处,以本通知为准。

信息

关于二〇〇六年度二级建造师执业资格考试指导合格标准有关问题的通知

建办市函[2007]8号

有关省、自治区建设厅,直辖市建委,江苏、山东省建管局:

为进一步做好二级建造师执业资格考试有关工作,根据2006年度二级建造师资格考试数据统计分析,现将经研究确定的二级建造师执业资格考试指导合格标准等有关问题通知如下:

一、指导合格标准(见表)

二、请各地按照上述指导合格标准对各科目及专业考试成绩进行复核,确认无误后,于2007年1月15日前向社会公布考试成绩合格人员名单。

三、请按照有关文件精神,抓紧做好资格证书发放及考试后期的各项工作,并将合格人员名单和有关数据于2007年1月底前报建设部执业资格注册中心备案。

科目名称		试卷满分	合格标准
建设工程法规及相关知识		100分	45分
建设工程施工管理		120分	57分
专业工程管理与实务	房屋建筑	均为120分	72分
	公路		72分
	水利水电		72分
	电力		72分
	矿山		72分
	冶炼		72分
	石油化工		72分
	市政公用		72分
	机电安装		72分
	装饰装修		72分

七嘴八舌话一级建造师考试

◆ 枚 子

一级建造师考试结束了，考生们终于解脱了。对此次考试做何感想？综合我们收集到的一些考生意见，普遍感觉今年的考试相对比较难，但也有极个别考生感觉容易；尤其是几乎所有考生都感觉到了考试更加注重实际能力的考核，并预感到考试有越来越难的趋势。大家都有一个共识：本次考试较好地平衡了"会干不会考，会考不会干"的矛盾。

※ 我是江西的，我们考场好严格，有考生中途上厕所都不准去，也没有偷看的情况。我今年只需考工程经济和法律法规，考前利用工作之余准备了将近十来天，累死了。也不知道过了没有。工程经济和法律法规考题都较偏重理解运用，对知识点必须要有准确的把握才可以选准确；法律责任那章我没花时间，考的时候有点没把握，对多选题我都不敢多选，6月考的时候估计就是多选了才差一分没及格。工程经济的题目我没很大把握，有些题目在建工版的复习题集内见过。

※ 我是河南的，去年考过3门，这次考公路实务，感觉题出得很活，死看书看来以后是不行了，有的东西在书上都找不到，尤其是该死的交通工程，每次考试都少不了要出一道案例，不好弄！

※ 我是山东的，今年加考机电。其实感觉复习得很充分了，但一做考题就感觉到麻烦了。今年的题实在是有些难，选择题很少有绝对把握正确的，案例部分也很难。我提前5分钟才算是做完了试卷，有些还纯粹是编上充数的。与同考场上的人交流了一下，大家都有同感。总之，感觉今后考建造师会越来越难！

※ 我是北京的，感觉机电实务明显的难度很高，选择题很多都没把握，案例题前三个还不错，后两个就不太了，题目偏难啊！

※ 今年考试总的来讲不算太难，工程经济模棱两可的题目较多，有点偏，计算也较多，时间还是比较紧凑的。

※ 我是广东的，监考比较松，而且一个教室有几个考场，找座位比较晕。

考实务的时候，有位仁兄不到40分钟就交卷啦，当时我刚答案例的第一题的第2小问，着实给俺很大打击。

※ 我是在安徽考的。今天经济的题目出的有点偏，覆盖面不够广。法规项目及房建实物出的题目还是比较全面的，尤其是实物出的比较活，对在现场的考生应该有利一点。

※ 考市政工程，全是背的题，和实际结合比较少，唉，我擅长的招投标评分和索赔以及网络图和安全方面的，一题都没考，本次凶多吉少呀！！！等下次努力吧！

※ 机电实务考题好象有点偏啊，我书看了这么多遍，都好几个考点没有看到，哎，结果没有做完啊！！！

※ 我今年只要考经济一科，感觉比去年难一些，计算题比较多，时间比较紧张。

※ 这次考试案例感觉最好，项目管理最差，出题太偏，其他两门感觉一般。

※ 我觉得市政有些难度，应该是搞过市政的人才会熟练的，我等非专业的还是有点难度。不过，我觉得现在的出题慢慢向正规化方向在发展，出题水平还是可以的。

※ 监考很严。装修出的对在现场的人，对是做这个，对标准的人有一定了解的人，是不难的，看上去量也不大。可我们考的人，全是到时才做完。出来大家说，不难可是做不全，不过装修的教材太不好了。写的不好，要重点没重点，要条理没条理。二级的装修书写的比一级好。明年用新的教材就好了。

※ 今年的考试题目比上半年的灵活，理解应用结合记忆，看来未来的建造考试都会按这个模式走下去，越来越难啊，建造之路不好走哦!!!

※ 三门公共课，感觉经济和管理难度小点，法规很有点头晕，模棱两可的很多。我考装修，实务就很有点玄了，直接考书上的内容不是很多(也可能是我复习的不够，没看到这些知识点)，看来实践是越来越重视了。

※ 我感觉今年的管理不是太偏，但是出题太灵活，让人感觉模棱两可的题目较多，单选有六七道比较难，多选有三四道较难。

※ 今年确实考得比较活了，死看书是不行的。没到过现场的人很难搞得清楚"龙门架"与"双向架桥机"有什么异同，在书上也没有现成的答案，但到现场走两圈，就很明白两者差别。前三门很难说，和大多数兄弟的感觉一样，多选敢选四个的很少很少，三个的也少，两个的居多，觉得只选一个没意思，没选(我所在考场不少朋友很多都只选一个)。本来不想对答案的，但在朋友的"诱惑"之下还是对了几个，结果俺多半是错的，心里没底啊。如果过了就算走运了，不过的话只能怪自己。考场监考很严格，都是按程序办事。老师"执法"公正且比较仁慈(带着你去上厕所，然后在旁边守着，呵呵)。至于小抄在桌上写字什么的这些小把戏就更别想，在讲台上一站，下面的情况尽收眼底。和我一起考的大多都是几十岁的人了，不少还是在现场负责项目的，还有一位已经是高工，今天还和我一起讨论到底是用龙门架还是架桥机的问题。缺考的也不少，第一天少6个，第二天考实务的时候，已经有10个没来了。今年的通过率应该比去年低。

希望自己能顺利通过。

※ 说说俺的体会吧：

1.经济：俺感觉经济题目其实并不难，虽然计算题较多，但如果对公式掌握了，肯定没问题。比如有一道题是计算现金流量的，记不大清楚了，印象是给了第一年和第三年的投资额，算现金流量，题目挺晃人的，其实把第三年的折成第一年的，再与第一年相加就OK了，类似这样的题目还有很多。反正把握了公式，应该没问题，至于其他概念性的东东，还是要看书记一记。

2.法规：俺感觉有点悬啊。几乎全部是案例，每个题都模棱两可滴，上午考完经济是踌躇满志，下午考完法规变成踌躇勒。

3.项目管理：俺感觉题目出的不算难，认真看书就没什么大的问题。

4.市政工程：先说客观题，题目比较容易，是送分的。

主观题：今年是第一次考试，听前辈们说，以前挺容易，而且桥隧的实务题不多。今年难了，几乎都是偏重桥梁、隧道。不过认真审题后，除了第一题的道路和最后一题的箱涵跟专业有较大的关系，其他几题虽然都与桥梁有关，题目也把人忽悠得可以，但都是市政管理上比较通用的，比如第二题的技术交底、资料管理，第三题的合同变更与索赔，第四题的道路管理条例。反正是需要硬背的。

5.监考：我是广东的，监考比较松，而且一个教室有几个考场，找座位比较晕。

考实务的时候，有位仁兄不到40分钟就交卷啦，当时我刚答案例的第一题的第2小问，着实给俺很大打击。

※ 今年的题目难度都不大，尤其是最后案例，只要花一点时间看看书，基本都能过的。估计是考虑到明年变大纲，放了一码。

最后的心得：多花时间看书。

告戒：不要动歪脑筋，这次我们这里抓了1个。

※ 今年的铁路实务综合程度比较高，光看书的话很难过的！像箱梁如何过隧道的问题，课本上是找不到答案的。

※ 我考的是机电，案例题看书根本就没有用。如果做过现场，懂机电工艺可能还好一点，最后一题，估计一分都拿不着。

亲爱的读者，您是曾经的考生？还是潜在的考生？欢迎参与我们的话题，分享您的心得！

热点解答

1、关于考务问题

建造师考试报名时间可在当地省级人事行政主管部门(或人事考试中心)网站查询,报名资格审查、成绩查询等考务管理工作由人事考试部门负责。一级建造师的考试有关问题可以向人事部人事考试中心和建设部执业资格注册中心咨询,二级建造师的考试问题可向省级人事考试部门和建设行政部门咨询。

2、本人今年9月参加二级机电专业考试,如果通过则明年想加考市政专业二级。请问是否仅仅只需要考市政实务一门课即可?还是仍旧要考三门?

只考市政实务一门即可。一、二级考试只要取得一个专业的资格证书,报考同级的任何其他专业只考相应专业的实务即可。

3、我实务答卷没按答题纸上的页码作,按顺序写下来的,会不会不得分呀?

实务考试应该按试卷的要求进行作答,因为实务阅卷实行的是机器扫描、试卷分割、电脑上阅卷的方式进行试卷评阅,只有在指定区域内作答才能保证答案切割的完整性,才便于专家评阅。没按要求作答是否不得分,具体情况需向人事部人事考试中心和建设部执业资格注册中心咨询。

4、从事土石方工程和地质灾害治理工程应报考哪个专业?

建造师的专业设置没有专门的土石方工程和地质灾害治理工程专业,房屋建筑工程、公路工程、铁路工程、水利水电工程等专业都包括土石方工程内容,可根据业务范围选择其一。

5、我现在从事的是医院的净化工程(洁净手术室),请问我报一级是该报哪个专业。

建造师的专业设置没有净化工程专业。那要看您具体从事的净化工程(洁净手术室)是哪方面的工作,是否属于"建造"的范畴,如果属于"建造"范畴,与之相关的专业有房屋建筑工程、市政工程和机电安装工程等,可根据相关的紧密程度选择其一。

6、《建筑法》中的"分包"和"肢解发包"有什么区别?

建筑工程分包是指从事工程总承包的单位将所承包的建设工程的一部分依法分包给具有相应资质的承包单位,该承包人不退出承包关系,其与第三人就第三人完成的工作成果向发包人承担连带责任而订立的合同。分包活动中,作为发包一方的建筑施工企业是分发包人,作为承包一方的建筑施工企业是分承包人。建筑工程分包包括专业工程分包和劳务作业分包两类。专业工程分包,是指施工总承包企业将其所承包工程中的专业工程发包给具有相应资质的其他建筑业企业完成的活动。劳务作业分包,是指施工总承包企业或者专业承包企业将其承包工程中的劳务作业发包给劳务分包企业完成的活动。

肢解发包,是指建设单位将应当由一个承包单位完成的建设工程分解成若干发包给不同的承包单位的行为。在实践中肢解发包与违法分包会以不同的形式出现,下面列出几种典型的违法分包行为:

(1)总承包单位将建设工程分包给不具备相应资质条件的单位的;(2)建设工程总承包合同中未有约定,又未经建设单位认可,承包单位将其承包的部分建设工程交由其他单位完成的;(3)施工总承包单位将建设工程主体结构的施工分包给其他单位的;(4)分包单位将其承包的建设工程再分包的。

还有转包行为。转包是指承包单位承包建设工程后,不履行合同约定的责任和义务,将其承包的全部建设工程转给他人或者将其承包的全部建设工程肢解以后以分包的名义分别转给其他单位承包的行为。

7、关于专业调整问题

在专业调整方面见人事部、建设部关于专业调整方面的正式文件。根据惯例,在正式考试前6个月考试大纲要向社会发布,2007年度调整专业考务如何衔接的问题,至少应该在2007年度考试6个月之前有明确结论。

8、如通过了两个不同的专业能注册在不同的单位吗?

不可以在不同单位注册。建造师可以考几个专业,但是注册证书只有一本,也就是说只能同时在一个企业注册。

市场营销与建筑公司的发展

黄克斯

(中国建筑第八工程局,北京 100097)

在市场经济条件下,建筑公司的生存与发展归根结底由市场来决定,市场营销的运用程度和效果与企业发展密切相关。市场营销是使供给与需求相匹配的过程,它包括比获取一个合同更广泛的内容。市场营销的功能在于从满足消费者需求角度出发,全方位调整建筑公司的功能定位、经营战略和组织结构,实现建筑公司资源最优配置和利润最大化。

1 建筑公司的营销特点

建筑公司的产品是特殊的产品,这种特殊性决定了建筑公司营销工作的特点。

1.1 建筑产品的单件性和固定性,决定了建筑公司营销手段的多样性

每一项工程建设项目都有确定的建设地点,设计规定的技术要求。不同的工程建设项目就有不同的建设地点和技术要求。不同的建设地点有不同的地质条件、气候条件、社会环境等等,这些不同的条件对建筑公司就有不同的要求。建筑公司针对不同的要求就要采取不同的营销手段最终达成合约。

1.2 建筑产品的整体性和长期性,决定了建筑公司营销活动的超前性,即工程整体营销在前,制作在后的特性

《招投标法》的实施,使大多数工程都必须采用招投标制。每一项工程建设项目都要先进行招投标,然后由中标的单位与发包商签订合同,并以此实施工程建设。工程整体销售之前,要求建筑公司不仅把营销工作放在招投标阶段,更要把营销工作放在项目建议书、可行性研究、扩初设计等阶段。

1.3 建筑产品的可分性,决定了建筑公司营销的分包性

工程建设项目既可采用总承包,也可采用分承包,一个项目如果已总承包给一家建筑公司,或部分发包给一家建筑公司,另一家建筑公司还可以向总承包公司或者业主进行专业分包。

1.4 建筑公司投资主体的多元化性,决定了建筑公司营销对象的广泛性

建筑产品拥有众多的投资主体,这些投资主体的行为态度对工程项目建设实施将会产生不同的影响。建筑公司应当了解各个投资主体的行为态度,采取恰当的营销手段,争取各个投资主体的支持。

1.5 建筑产品的综合性,决定了建筑公司营销的社会性、全员性

一项工程建设项目的实施涉及的人员方方面面,有分包方、有材料供应商、有设备供应商等等。各类人员为了各自的利益,对承接工程项目都具有浓厚的兴趣。一个建筑公司不仅要动员公司内部的全体员工积极参与营销工作,还要利用社会上各类人员为企业的营销工作增添力量。

2 建筑公司的营销现状

2.1 营销理念简单化

将营销简单理解为投标,缺乏中长期战略和持续经营的观念,重视新市场的开发,忽视既有市场的稳固与拓展;将公关等同于营销,认为营销就是请客送礼和拉关系,公关活动庸俗化,缺乏以业主为中心的服务意识和业主关系管理。

2.2 粗放式营销

市场细分和市场调研不够,缺乏有针对性的营销措施和营销策略,缺乏对营销效果进行评价的指标和方法,只能

凭感觉判断；缺乏营销系统的建设，网络不够健全和稳定，渠道不够畅通，全方位的立体营销层次没有形成，缺乏全员参与的营销意识和激励机制。

2.3 传统的营销组织

生产部门与市场开发部门不统一，传统的职能式组织结构将生产活动与营销活动人为割裂，经营部门只追求新签合同额，不对项目的实施与成本负责，生产部门只追求完成产值和任务，不注重项目实施过程中与业主的沟通，不关心潜在的市场与客户；公司总部、区域公司和项目部之间的协作关系不畅，市场资源不能充分发挥。如何将区域营销的市场广度优势和项目营销的市场深度优势有机结合，如何减少总部、子公司以及分公司之间的市场重叠与内耗，成为急待解决的组织结构问题。

在市场经济条件下，建筑公司的生存和发展归根结底由市场来决定，市场营销的运用程度和效果与公司发展密切相关。市场营销是使供给与需求相匹配的过程，它包括比获取一个合同更广泛的内容。市场营销的功能在于从满足消费者需求角度出发，全方位调整建筑公司的功能定位、经营策略和组织结构，实现建筑公司资源最优配置和利润最大化。

3 市场营销在建筑公司中的地位

菲利普·科特勒曾指出："市场营销是公司的这种职能：识别目前未满足的需求和欲望，估量和确定需求量的大小，选择本公司能最好地为它服务的目标市场，并且确定适当的产品、服务和计划，以便为目标市场。"[1]在社会主义市场经济条件下，建筑公司要成为市场经济的法人实体和市场竞争的主体，必然要以市场为导向开展营销工作，市场营销已成为现代建筑公司经营活动的中心。在我国，由于长期受计划经济思想的影响，公司经营重产品、轻市场、轻经营，公司缺乏适应市场竞争的合理有效的经营战略。在建筑行业，市场营销非常欠缺，几乎是一片空白，公司营销活动只限于分析市场、制定定价政策、组织推销员为顾客提供有限的服务等，目前虽重视和加强了广告、报道宣传、推销和促销工作，但均未突破流通领域。在当前逐渐扩大买方市场的形势下，建筑公司市场营销活动不应只局限于推销，而应突破流通领域，向生产领域和消费领域延伸。公司关注产品的流通过程应发展到关注产前活动（如市场营销调研、产品设计等）、售后活动（如实行包修、包退、包换、收集售后意见等）。

搞好市场营销不仅可以加快商品的销售、提高市场占有率、加速资金的循环和周转，而且可以促使经济进入良性循环的轨道。在建筑行业引入市场营销理论，将有利于我国建筑公司走出低层次的无序竞争，树立全新的经营观念和市场竞争策略，从而更好地适应国际、国内建筑市场竞争。

4 市场营销与建筑公司产品生命周期

在市场经营过程中，任何产品都有一个生产、发展直接被淘汰的过程。产品生命周期就是指产品进入市场到最后被淘汰退出市场的全过程。产品生命周期大致可分为导入期、成长期、成熟期、衰退期四个阶段，各阶段具有以下一些特点：

1. 导入期：制造成本高、促销费用大，销售数量少；

2. 成长期：销售额迅速上升，生产成本和销售成本大幅度下降，公司利润增加很快，竞争者不断加入；

3. 成熟期：商品销量走向平疲，公司利润逐渐下降；

4. 衰退期：商品销售量急剧下降，公司利润持续减少。

研究产品的生命周期，是为了正确判断各种建筑产品的发展变化趋势，借以做出相应的经营决策。为了延长建筑产品的生命周期，提高建筑公司的经济效益，应充分、合理地运用市场营销策略，缩短产品的导入期、延长产品的成长期、推迟产品的衰退期。我们可以采取以下措施延长产品的生命周期：

1. 品牌效应：使消费者信赖某一品牌产品，不轻易改变自己的购买习惯。

以中建八局为例他们以其系列产品引领企业提高市场占有率，如：

——高层建筑系列。东北地区第一高楼大连远洋大厦，是第一个由国内建筑公司总承包施工的超高层钢结构工程；酒泉卫星发射中心垂直总装测试厂房，是亚洲第一高度单层厂房（93.75米），工程施工技术荣获国家科技进步一等奖。

——医疗卫生系列。中建八局在洁净度场所、墙、顶、地面及连接处的施工形成了较为成熟的技术工艺。并且在洁净空调系统施工中，总结了"面积法测试"等国家级的方法。承担了多项医院工程，这些项目和业主配合良好，所有医院项目都顺利的通过了卫生部门的验收。其中潍坊市人民医院门诊楼获2003年建筑质量最高奖——鲁班奖；河南省人民医院新病房楼工程经国家工程建设质量奖审定委员会批准荣获2002年银质奖章（国优）。

——酒店系列。中建八局依靠先进

---

[1]（美）Philip Kotler,《MARKETING MANAGEMENT–Analysis,Planning,and Control》,Fifth Edition 1984.by Prention–Hall, Inc A Simon&Schuster Company.

的技术装备和丰富的施工经验积极参加星级酒店工程建设，为地方投资环境的改善和城市经济建设做出了重要的贡献。如北海香格里拉酒店、青岛香格里拉酒店、福州香格里拉酒店、武汉香格里拉酒店等。

——机场系列。中建八局在机场航站区方面的代表工程有：北京首都国际机场3号航站楼交通中心、广州白云、济南遥墙、西安咸阳、南京禄口、沈阳桃仙、海口美兰、大连周水子等。其中北京首都国际机场3号航站楼交通中心（GTC）形似超大椭圆，总建筑面积超过34万平方米，是国内单体体量最大的工程，该项目为国家重点工程建设项目，同时也是2008年奥运会主要配套项目。其规模与建设标准居国内第一；广州新白云机场被评为新世纪广州市两大标志性建筑物之一；西安咸阳机场荣获2005年度鲁班奖。

——会展系列。会展项目因其体量大、空间大、人流密集、楼层超强荷载等功能性特征及其反映城市风貌、体现时代特征等景观性要求，通常较多地运用特殊结构、特大型结构、高科技手段及新材料，来营造自身形象，体现建设成就，表达对现代建筑科技与人文艺术和谐统一的不断追求。其建设实施负有一定的挑战性。中建八局所承建的西安国际展览中心及海口、桂林、南宁、郑州等国际会展中心项目，无不体现了上述特性。

——体育场馆系列。体育馆类工程特点是面积大、跨度大、预应力多。中建八局先后承建了一批体量大、有影响的体育场馆：南京奥林匹克体育中心体育场、武汉体育中心体育馆、嘉兴市体育中心体育馆、佛山世纪莲体育馆、中国人民大学多功能体育馆、桂林工学院体育馆、苏州体育中心体育馆等，其中承建的武汉体育中心体育馆获得了国家优质工程银奖，并获得第四届詹天佑土木工程大奖；中国人民大学多功能体育馆获得了北京市结构长城杯以及全国用户满意工程。

——住宅系列。中建八局在住宅工程的设计、施工中将人与自然融合在一起，建成了一座座浪漫、温馨花园般的家居。其中济南燕子山小区、天津和平里小区被评为国家优秀住宅奖；上海玫瑰花园一期二期工程先后获得"浦江杯"、"东方杯"优质工程奖，并获得上海建筑质量最高奖——"白玉兰"奖；中远两湾城一期A10工程获"白玉兰"奖并获"优质结构工程"；中远两湾三期B4工程获上海市"白玉兰"奖；济南佛山苑小区被评为国家建筑质量最高奖——鲁班奖。这些工程像一颗颗明珠点缀着城市，美化着人们的生活。

——建材系列。如山东大宇水泥厂、徐州淮海水泥厂、江南小野田水泥厂、安徽巢湖水泥厂等。

上述系列产品的介绍，我们不难看出中建八局通过系列产品树立起集团应有的标志、形象和品牌，发挥了比较优势，全方位、多层次、宽领域地开拓市场，已成为国内外知名的大企业集团。

2.加大宣传力度：加强广告宣传，保证建筑产品在消费者心目中具有良好的印象；适时调整价格：适时降低或采用其它有效的定价策略，吸引更多购买者；

3.产品全方位改革：通过对产品特性、功能、用途、式样、种类等进行广度和深度上的改进，推出系列品种，满足消费者需求，提高销售量；

4.开拓新市场：开发新的市场，寻找新的买主。

3.5 市场营销与建筑公司可持续发展

在我国由计划经济向市场经济转换时期，建筑业是走向市场较早的行业之一，早在1984年，国务院就提出建筑公司要作为城市改革的突破口进入市场。但是随着市场经济发展的不断深入，一些相应的法规、管理制度滞后。目前，建筑市场体制不健全，市场行为不规范，市场秩序混乱，没有形成一个统一开放、平等竞争、运行有序的市场环境。许多建筑公司由于内部经营机制转换不到位，缺乏正确的市场经营理论的指导，使得公司的经营活动被动并且盲目，不能适应商品经济的客观规律及市场经济的运行规律，以致缺乏竞争能力，直至破产。为了在竞争中发展壮大，开拓市场，扩大产品销量，提高公司经济效益，建筑公司就必须使其经营活动按市场规律而行，这就是市场→公司→市场。具体说就是在市场经营学基本原理和方法的指导下，首先对市场进行调查研究，对影响公司经营活动的环境因素、影响消费者需求的因素以及对消费者购买行为和过程进行分析，以掌握市场需求规律和趋势，并细分市场，以便公司根据自身实力、优势、竞争情况等因素选择适合本公司开拓发展的消费者群体，然后制定相应的经营战略与策略，并逐步予以实施。只有这样不断以市场为出发点，并以市场为终点，科学地、有针对性地并有序地组织公司的全部活动，才能增强公司对市场的反应能力和应变能力，使公司在激烈的竞争中立于不败之地，不断发展壮大。由此可见，建筑公司要想实现可持续性发展，必须在坚持技术创新的同时，做好市场营销工作，研究市场、注意市场并制定明确的市场战略目标。市场营销是连接市场需求与公司反应的桥梁，为满足消费者的需求，只有不断地以市场为出发点和复归点，才能增强建筑公司对市场的敏锐洞察力和快速应变能力，从而延长公司寿命，最终实现建筑公司可持续发展。

编者按

日前在西安举办的"第五届中国建筑企业高峰论坛"新闻发布会上,有人问中天集团董事长楼永良:"中天集团承办这次高峰论坛,是不是为了提升在业界的影响力?"楼永良笑着说:"我说也是也不是。说不是,中天的影响力,不是靠一个会能提升的;说是,是我们要通过承办这些活动,努力提升我们整个行业的影响力,当然中天也在其中。我们企业的使命是真心缔造美好家园。我们的行业,我们的家园,是国家的,是社会的,也是我们中天人自己的。所以我们在努力发展企业的同时,也努力为社会,为行业多做一些工作,多尽一份责任。不知我这个回答这位记者满意不满意。"

在这次会议上,中天集团上下特别是楼永良所表现出来的强烈的社会责任感,给人们留下深深的印象。

从西安归来,顺便带回几本中天的企业刊物《中天人》,顺手翻翻,感到颇有文采。再打开电脑,看中天的网页,其中企业文化部分更是丰富多彩。近年来,中天开展的"西部文化东部行"、"东部文化西部行"、万场电影送西部、中天集团出资100万元资助浙江大学贫困学生、为海啸受灾国捐款、中天项目经理向武汉大学捐资110万元……这一桩桩、一件件,看似与企业经营不相干的大小事件,直接或间接体现着一个企业以及他的员工的强烈的社会责任感。

一个企业,形成了如此的文化氛围,与企业的成长和发展,是一个什么关系呢?

当年,一个总资产不足400万,处于亏损状态的地方小建筑企业,经过十几年的发展,成为年经营规模超过150亿元,年递增速度达到40%,获得鲁班奖、白玉兰奖等省部级以上重要建筑大奖400多项,位居全国500强、民营企业50强前列的企业。2004年摘得全国质量管理奖(该奖从2001年设立至今,全国数百万企业中只有20多家获此殊荣);2005年上交税收成为全国房屋和土木工程建筑类纳税排行第一名;2006年"中国十大慈善企业"和"浙商社会责任大奖"两顶桂冠又先后花落中天。

在当今中国市场经济特别是中国建筑市场这样一个错综复杂的社会环境里,中天有如此之成就,必有其独到之处,或者说可以称之为"中天成功的密码"的东西。

那么,"中天成功的密码",到底是什么呢?

社会责任:"君子厚德载物"

——破解中天的成功密码之一

董子华

具有关媒体报道,日前深圳宝安一家大型制造企业,为与德国某跨国公司合作,经过充分准备迎来了"社会责任验厂"。检查人员在照例核查员工档案记录时,发展一个员工进厂时年龄不足16岁,当即叫来员工查证,结果情况属实。检查人员随即离去。就这样,一个雇佣童工问题让这家企业丢掉了一次与跨国公司合作的机会。

据统计,绝大多数的欧美著名公司的年报中,都应股东要求增加社会责任审核的内容。今年,深圳社会观察研究所接受一些委托,为一些公司评价其年报中的社会责任内容。"社会责任验厂"一般要查两到三天,验厂人员大多是跨国公司委派的中介机构的专业人士。这些专业人士在企业里查上两三天。比如,按照要求员工守则以及相应的企业规章制度,必须公开张贴在车间里。这原本是一件小事,但是,我们一些企业的负责人由于思想上不重视,往往只是随便在办公室里贴贴而已。又比如消防设施放置的高度、洗手间蹲位与员工人数之间的比例等等。正是这些"小事"往往使得检查难以通过。

实际上,无论社会责任验厂采用的是哪一种标准,劳工权益保护、人权尊重、安全生产等方面的规定，绝大多数与我国《劳动法》、《安全生产管理条例》等相关法律法规精神相吻合。

有关研究显示，国际资本中国商品链的形成，正在改变着中国经济的发展格局，但是我们少数企业的经营模式与国际商业伦理有着较大的差距。建筑行业是中国农民工最密集的行业。但建筑企业对农民工的合法权益的保护，还存在很多问题。保障这些外来工的合法权益，不仅关系到企业的的形象，而且关系到中国建筑业在加入我国WTO之后，如何按照新的商业规则来架构通向未来之路。

前不久，在某知名媒体进行的一次针对企业家群体进行的专项调查中，把社会责任与创新和竞争力列为构成企业家精神的核心部分。

对此，中天集团总裁楼永良深表赞同。他说，建筑不仅是钢筋水泥，同样具有社会属性。中天不仅是我们这些企业人的，也是社会的。我们企业的使命是真心缔造美好家园。这些家园是国家的，是社会的，也是我们中天人自己的。

"天行健，君子以自强不息；地势坤，君子以厚德载物"。企业家首先是通过造就成功的企业，给带给员工更多的福祉，承担其社会责任。每一个企业的稳定发展，都是对提升国民素质的有效促进。同时，企业还承担着创造和谐社会，造福于民，推动先进生产力发展的社会责任。这既是和谐社会发展的需要，更是一种不可或缺的企业竞争力。只有重社会责任的企业，才能获得持久的发展动力，也最有竞争力。

笔者越来越强烈地感到，这应该是中天与我们行业某些企业最大的不同之处，或者可以称为中天成功的"密码"之一：与社会融为一体的强烈的社会责任感和使命感。

为了求证这一"发现"，笔者首先走进这家企业的最底层，从最基本的细节看起。在中天3万多员工中，农民工要占到2万多。请看记者记录的几组"特写镜头"。

穿过一个写着"职工之家"的月亮门，记者首先看见的是一个小院子。只见一片片郁郁葱葱的绿草，一簇簇亮丽的鲜花，还有休息的凉亭和桌椅。一排排漆成蓝色的二层活动房，整齐划一。项目经理介绍，这可不是一般的简易房，而是用通风、防火的彩钢板建成的。农民工的宿舍和食堂等都设立在这些房子中。宿舍基本上是一样的格局，内设两层铺，上层放置一些生活杂用品，下层是床铺，床上用品都是统一的。一间宿舍里有6个人居住，人均面积约3平方米。在宿舍内还配备了电扇、电灯、衣柜、脸盆架等基本生活设施。最值得一提的是，每个宿舍都提供了方便农民工学习的书桌及台灯，里面的物品摆放得井然有序，让记者一下子产生来到学生宿舍的感觉。

职工的食堂一排排白色的桌子和淡蓝色的椅子摆放得整整齐齐。餐具是统一的，所以这些食物都是装在一个一个的小碟子中，买一份就直接端给你一个小碟子。每餐食堂必须保证提供10个菜，而且荤菜不得少于5个。一般荤菜不高于2.5元，素菜在0.5元左右。

当天，来自湖南的水泥工小何正在和工友在食堂里一起分享他的生日宴，蛋糕、鸡蛋、排骨、火腿冬瓜、冰镇的啤酒……他们边喝边聊边吃，一脸的开心。小何说，他来中天过了3个生日了，每次都是项目部操办，不仅吃到了比家里还丰盛的大餐，还有贺卡、小礼物……"项目部想得可周到啦，有时候在忙的时候自己都把生日忘了，可项目部一次都没给我们落下过，我真是又高兴又感动！"许是喝了点儿酒的缘故，小何话也多，脸也红。记者问项目经理："您怎么会把他们的生日记得这么清楚呢？"项目经理说："他们每一个人来我们中天做工，必须交验身份证，我们就是从身份证上了解他们的生日的。我们有专人负责，在每一年的年初，他都会把这些农民工的生日统计出来，全部记到日历上。说实在的，有时候我们都会把自己的生日忘了，但我们从没忘过他们的生日。因为他们出门在外，更需要企业的关怀！"

集团领导每下工地，必跑食堂，进厨房，对食堂的硬件设施以及卫生状况等进行详细检查，并对饭菜质量、服务质量、就餐满意度等内容进行调查，和农民工一起用餐，亲身体会食堂的情况。他们说，食堂管理是项目管理的窗口。农民工的饭碗问题是事关中天和社会发展的大问题。

在职工生活区内还设有浴室，不管春夏秋冬，每天都会按时供应热水，保证每个农民工每天都能洗上热水澡。卫生间干干净净。楼总每下工地，都不忘检查项目部的卫生间。

这些年来，中天通过加强务工人员工资支付管理，确保把工资发到每一位人员手中，并在集团公司专门设立拖欠工资的投诉电话；通过重视安全教育，提高全体人员的安全意识，强调项目部要对务工人员的生命百分之百的责任，对务工人员的健康负责；从茶水工作供应、宿舍卫生、冷饮费、劳保用品、食堂管理、厕所浴室等等小事着手，切实改善了务工人员工作和生活环境。

一个企业,能对工作生活是最底层的农民工如此关爱,对企业其他员工就可想而知。

楼永良来说,"中天的一砖一瓦都凝结了广大务工人员辛勤的汗水,所以,我们在发展的过程中从不敢忘记他们。我们还要使全公司消除农民工低人一等这个陈腐的观念。"

对中天,对楼永良来说,农民工问题,不仅是企业的经营管理问题,而是关系到社会和谐发展的大问题。试想,如果我们的每一个企业都能做到中天那样,我们的社会将是一个这样的和谐融洽的美好景象。

请听那些在中天工作生活了10多年的农民工,是怎么说的。

吴德文(重庆武隆人):我是2000年进入中天的,在这儿做一名电焊工。这5年,我真真切切地感受到了中天对农民工的关爱,不仅收入比以前提高,而且居住工作环境也有很大的改善。说实话,我家都没有这么好的卫生间和浴室,没有像是花园一样的生活环境。说句难听的话,就是现在中天想赶我走,我都不想出去!

叶中华(湖北黄冈人):中天对待农民工好,不是空话。农民工在中天有地位,没有低人一等的感觉。楼总下来检查工作时,碰到我们也会打招呼,嘘寒问暖。中天的这些领导,都是好人!

中天对内部员工如此,对社会又是如何尽其责的呢?

今年4月18日,"2006中国慈善排行榜"发布典礼在人民大会堂隆重举行。中天总裁楼永良作为十大慈善企业代表应邀出席典礼。请看十大慈善企业排名:微软、中国海油、亿阳集团、汇丰银行、中天集团、索尼、福耀玻璃、摩托罗拉、新华联、奥康集团等。中天作为一个劳动密集型的民营建筑企业,能巍巍然位列这些企业巨头之中,当属不易。

"细节是最真实的,最感人的。"让我们再从一件小事看中天人的社会责任感。

去年11月19日下午3时许,湖北省随州市封江乡的一个偏僻山村农家院子里挤满了人,有当地乡、村领导、《楚天都市报》、《随州日报》记者等。一个小女孩坐在竹制小椅子上,双腿缠满了纱布。当小女孩父亲余发朝接过印有"祝余小华小朋友早日康复"字样的中天集团"爱心捐款"时,他一时激动得说不出话来。"感谢中天集团的领导,感谢所有关心帮助我们一家的好人们……"这是发生在中天捐款现场的一幕动人的场面。

事情是这样的。去年10月下旬,中天六建项目部经理陈恩成从《楚天都市报》看到一则关于湖北随州市乡村一位名叫余小华的小女孩在田里玩耍时不幸被收割机切断双腿,虽及时送医院抢救,保住一条生命,但右腿已无法接上,左腿接上后情况不太好。要保住这一条已接上的左腿,还缺二、三万元的治疗费。但由于缺钱医治,将面临双腿致残的消息。陈恩成遂剪下这段消息,将情况告知中天六建潘庆华总经理,潘总十分重视,当即倡议在全公司搞一次捐款献爱心活动。陈恩成经理首先捐款1万元,几天时间里就聚集了2.25万元。有关人员乘车三个多小时到随州市,将这笔"爱心捐款"直接送到小女孩家中。

在交谈中,楼总说:"'君子以厚德载物。'这是中国几千年古训中的一条金玉良言。怎样做人?一是做人要诚实,待人要诚恳,对人讲诚信。二是要有抱负,目光远大,有办大事的气概。三是尊重人,平等对待人。这样,你才会有吸引力、凝聚力、号召力,这是强大的无形资产。有了这份资产,社会资源才会向你汇聚,人才才会为你所用,才能为社会为国家办大事尽大责。

去年7月11日,"中天之夜"东部文化西部行浙江越剧小百花赴陕演出新闻发布会上,楼永良说:中天集团以"真心缔造美好家园"为己任,不仅要建设精致的物质家园,更要建设和谐的精神家园。一年前,中天集团支持举办的"西部文化东部行"活动在杭州取得成功。我们在持续健康发展的同时,自觉承担相应的社会责任,积极投身社会公益事业。中天集团举办的"送万场电影下乡"、"资助贫困生上大学"等活动着眼点都是为了普通的老百姓!我们希望通过这样的活动能为社会的和谐发展献上企业一份浓浓的真情!

中天的项目经理赵忠梁说,楼总经常要求我们降低赢利的期望,他让中天人都懂得,我们有比金钱更重要的东西——对内是为了中天集团持续健康的发展,对外是为了承担更多的社会责任。他说,中天的企业文化将我们的价值观与行为都统一起来了。

说的好啊。随着社会发展,企业已成为影响社会进程的重要力量。

当今世界经济的全球化重要特征,就是企业日益成为世界经济全球化的核心,特别是我国处于转轨经济时期,企业的发展和责任,已成为事关国家强盛、民族兴衰、社会和谐、百姓安居乐业的重大问题。

笔者相信,具"君子以厚德载物"传统美德,以社会和国家发展为己任的企业,其发展前景是不可限量的。这一点,应该是中天成功的核心密码之一。

我国建造师执业资格制度的建立、完善与发展

江慧成

1 引言

2002年12月5日人事部、建设部联合发布了《关于印发〈建造师执业资格制度暂行规定〉的通知》(人发[2002]111号),文件明确了:"国家对建设工程项目总承包和施工管理关键岗位的专业技术人员实行执业资格制度,纳入全国专业技术人员执业资格制度统一规划"。"人发111号"文的发布标志着建造师执业资格制度在我国正式确立,宣告了为建立我国建造师执业资格制度历时8年探索之路的结束,揭开了我国建造师执业资格完善和发展的新篇章。

自2004年以来,全国一级建造师执业资格考核认定及其收尾工作已基本完成,全国一级建造师执业资格考试业已完成了3个年度的命题和考试工作,各地的二级建造师也已完成了两个年度的考试工作。政府有关部门、有关行业乃至有关企业在我国建造师执业资格制度的建立、完善和发展过程中投入了大量的人力、物力,进行有关研究和实施工作,同时我国建造师执业资格制度的建立、完善和发展也引起了社会的广泛关注。为了进一步完善我国建造师执业资格制度,本文简要回顾了我国建造师制度的建立过程,重温了制度建立的必要性、科学性和可行性,较为全面地调查和总结了建造师制度建设的现状,客观地分析了存在的问题,根据建造师执业资格制度建设的目标和总体规划,提出了较为科学系统的发展和完善方案,以便为我国建造师制度的完善和发展献计献策。

2 我国的建造师执业资格制度

我国建造师执业资格制度的建立和发展借鉴了国外的经验,但与国外建造师制度有很大的不同,是对我国建筑业企业项目经理资质管理制度的继承、改革与发展,但与建筑业企业项目经理资质管理制度又有很大的差别。

2.1 我国建造师执业资格制度的概况

(1)建造师的定位

我国建造师的定位是从事工程总承包和施工管理的专业技术人员,执业范围包括工程前期咨询策划、中期实施和后期评估全过程。从总体上讲建造师是以技术为依托,懂经济、懂法律会管理的符合型管理人才,注册建造师近期的执业岗位仍然是受建筑业企业委托担任施工项目经理。

(2)建造师的级别与专业

我国建造师分一级和二级。其中一级建造师划分为14个专业,二级建造师划分为10个专业。

(3)建造师的知识结构与能力要求

我国一级建造师执业资格考试要求应试者具有工程或工程经济类大学专科学历以上的教育背景,具有一定的实践经验,并需通过"3+1"的考试。二级建造师执业资格考试要求应试者具有工程或工程经济类中专学历以上的教育背景,具有一定的实践经验,并需通过"2+1"的考试。其中,一、二级符合免考条件的均可免试部分科目。

(4)建造师执业资格的获取渠道

人事部、建设部在实行建造师资格考试制度之前对符合规定学历、职称、从业年限、业绩和职业道德等条件的从业人员,进行了一次执业资格的考核认定工作,产生了我国第一批建造师。考试实施之后,从业人员必须通过规定的考试才能取得建造师执业资格。

(5)过渡期的设立

我国建造师执业资格制度是对建筑业企业项目经理资质管理制度的继承和发展,为了使两种制度实行平稳过渡,建设部根据"国发5号"文并结合实际情况发布了"建市[2003]86号"文。明确了2003年2月27日至2008年2月27日为期5年的过渡期及过渡期内的相关问题。

2.2 中外建造师制度比较

我国建造师执业资格制度的建立

借鉴了国外的经验,但与国外又有很大的不同。因此,这里有必要重新对中外建造师制度进行简要的比较。以英国建造师制度为例,比较他们的异同,分析产生差异的原因,结合我国国情阐明我国建造师执业资格制度建立的科学性、合理性和可行性。

(1)管理体制

英国对建造师进行管理的政府部门是英国贸易与工业部(简称DTI),但它不直接管理建筑业各类人员执业资格。英国建造师由英国皇家特许建造学会负责,该学会是一个主要由从事建筑工程管理的专业人员组织起来的社会团体,学会根据学会章程对会员进行管理,执业资格设置的有关情况由学会向政府设置的资格管理机构(Qualification Curriculum Authority,简称QCA)报告。

建造师执业资格考试是一种强制性的准入性考试,这项制度由国家人事部、建设部共同设立。

(2)评价内容

评价内容是建造师制度建设的基石,是人才评价(选拔)的核心。我国建造师制度建设深入研究了国外的评价体系,主要参考了他们的评价内容,在这方面两者具有很强的共性,这是日后我国建造师与国外建造师互认的基础。

第一、学历及从业年限

在学历与从业年限方面,我国对一级建造师的报考要求与英国建造师的入门要求大体相当。比较如下:

英国建造师的入门要求是:要具有被认可的建筑工程管理等专业的大学本科及以上学历,最少具有3年的管理实践经验。

第二、知识与能力评价

英国对知识与能力的评价体现为被认可的专业学历教育、满足规定的管理年限、提交有关工作报告和接受面试,面试中应体现出管理的能力和良好的职业道德。我国对知识与能力的评价体现为专业教育学历、满足规定的管理年限,满足考试大纲对知识与能力的进一步要求,并通过政府统一组织的执业资格考试。

第三、信用评价

信用评价是对执业经历的综合评价,是建造师制度建设的重要方面。英国建造师制度至今已有170多年的历史,在170多年的制度建设中取得了较好的信誉,因此具有资格的人士也就有了较好的信用。我国建造师制度刚刚建立,随着建造师的注册、执业,我国也为建造师提供了信用建设平台。

(3)评价方式

英国的评价手段可以概括为"评估+面试",评估就是根据建造师的教育标准、教育大纲对所受的专业学历教育进行认定,只要取得被认可的专业学历教育证书就可以不用进行专业考试,面试由3名考官以面试的形式测试申请人的管理能力。我国的评价手段可以概括为"确认+笔试",确认主要是对申请人考试报名资格的认定,需要具有比较宽泛的工程或工程经济类大学专科及以上学历和相应的管理实践年限,笔试就是通过笔答的方式测试应试者应具备的知识和能力,笔试命题的依据是执业资格考试大纲。我国建造师制度与英国建造师制度最大的不同之处,就是评价方式的不同,我国的国情决定了我们相当长的时期内不能采取英国的评价方式。

首先"学历教育评估"问题。尽管我国教育主管部门和有关专业委员会也对高等学校的专业教育进行评估,实行建筑业企业项目经理资质管理制度也已十几年了,但是我国至今还没有一个可供建造师执业资格参考的教育标准和教育大纲。建造师制度建设的现状是面对庞大的具有项目经理资质的从业人员,这支队伍具有学历普遍偏低、专业教育背景复杂的特点。如果按国外的专业教育标准进行限制,不仅大专学历的从业人员都不具备报名资格,可能会有不少更高学历且具有较强实践能力的从业人员也不具备考试报名资格。考虑到这些特点以及我国建造师的水平要求应与国际上其他国家建造师的水平要求大体相当,我国适当降低了学历和专业教育背景的要求,使更多具有实践经验的从业人员具有考试入门的资格,但他们中的一些人员需要通过自身的学习来补充知识,以达到执业资格考试大纲的要求。

其次是"面试"。面试确有面试的优势,通过几个考官可以当面测试应试者解决实际问题的能力,但它的前提条件是建造师专业学历教育的评估,没有这个前提就缺少对申请人专业教育的认可依据。由于我们还没有针对建造师的专业学历教育评估,更重要的是我国建造师的报考规模远远大于英国的认可规模,所以"面试"方式目前在我国尚难行通。

我国建造师报考学历及从业年限的要求

级别与要求		取得工程或工程经济类学历				
		大学专科	大学本科	双学士学位	硕士学位	博士学位
一级建造师	参加工作最短时间	6年	4年	3年	2年	
	从事管理工作最短时间	4年	3年	2年	1年	1年
二级建造师		中等专科以上学历,从事管理工作2年以上				

从评价的效率、评价的科学性和评价的公平性等方面来看,我们目前的评价模式基本上是科学、合理和可行的。当然,与英国建造师评价体系170年的发展历程相比,我们还有很多值得改进和完善的地方,不仅包括评价手段的改进,同时也包括评价内容的完善。

(4) 专业划分

英国建造师不分专业,而我国建造师分专业。专业的划分是我国建造师区别与英国建造师的又一显著特点,专业划分在我国建造师评价体系中占有特殊而重要的地位,专业划分问题也是最受关注的问题之一。因此,非常有必要重新审视一下我国建造师专业划分的必要性、科学性和可行性。

必要性。国内外建造师的定位大体上都是工程项目(或施工项目)管理。尽管形式上看都是管理岗,但它是以专业技术为基础的管理岗,或是具有专业特性的管理岗。英国建造师之所以没分专业,原因有二:第一、要求申请人所取得的学历是被英国皇家特许建造学会认可的专业学历,不是什么学历都能被认可,这从另一个侧面体现了英国建造师的专业性。第二、英国建造师具有完善的管理体制,具有较好的信誉,一般不跨专业执业。我国建造师分专业考试,按专业执业,原因有三:

第一、评价方式决定了建造师必须分专业。我国建造师实行的是考试制度,应考人员的专业教育背景复杂多样,鉴于这样的国情我们不可能向英国建造师那样按照执业资格的要求对高等教育学历进行评估。从教育测量学、心理测量学和职业技能测量学的角度来看,分专业进行考试的效度要优于不分专业的考试,因为分专业考试的针对性要强于不分专业的考试。

第二、执业信用现状决定了必须按专业执业。

专业划分最直接的影响就是分专业考试,按考取的专业执业。英国建造师具有较好的信誉,一般不跨专业执业。在我国,不管是在原来的建筑业企业项目经理资质管理制度下,还是在目前的建造师执业资格制度下,个人执业的信用体系都还不完善。申请人既然按专业进行考试,那么他也应该按考取的专业进行执业。

第三、管理体制决定了建造师要划分专业。

建设部是国务院的建设行政主管部门,建造师执业资格制度是由建设部、人事部共同设立的。而交通部、铁道部、水利部、信息产业部、国家民航总局等国务院有关部委也履行全国行业建设行政监督、管理的职能,由于工程建设有其专业性,目前的管理体制也决定了建造师要分专业考试,按专业执业。

科学性。从科学性角度来看,建造师专业的划分应以专业特性为主要依据。专业划分越细,执业面越窄,而考试的针对性却越强,专业划分越粗,执业面越宽,而考试的针对性却会相对降低,命题的难度会相对加大。从目前的专业划分来看,我国建造师的专业划分还不是非常科学。如:从施工技术和施工过程来看,市政公用工程专业就少有自己专业共有的专业特色,与公路工程、铁路工程、石油化工工程等专业截然不同。这样的划分受到了管理体制和企业资质的影响,在专业划分方面还有待进一步完善。从专业特性以及长远来看,普遍认为建造师分三个专业比较科学。一个是建筑工程专业,一个是土木工程为主的土木工程专业,再一个就是以机电设备安装为主(含机电安装)的机电工程专业。从广义上来说,房屋建筑工程专业也属土木工程专业,但由于它与人们的生活、居住关系最密切,同时又具有量大面广的特点,所以一般将房屋建筑工程与其他土木工程区别对待。

可行性。专业划分有利于考试命题,可以提高考试的效度;专业划分有利于和建筑业企业资质管理制度相衔接;专业划分适应了目前管理体制的需要;专业划分从另一个方面延长了建造师执业资格制度的过渡期,有利于建造师执业资格制度的平稳过渡。从总体上看我国建造师的专业划分是可行的。

2.3 建造师执业资格制度与项目经理资质审批制度比较

在实行项目经理资质管理(审批)制度之前,我国对施工项目经理岗位的资质没有具体的要求,不论是学历方面,还是知识方面。为了提高施工项目经理的水平,规范职业行为,进一步提高施工项目的管理水平,我国实行了项目经理资质管理(审批)制度。该制度规定,承担施工项目经理必须具有相应级别的施工项目经理资质。项目经理在考核定级前须接受288学时的项目管理理论知识的培训,即《施工项目管理概论》、《工程招标投标与合同管理》、《施工组织设计与进度管理》、《施工项目质量与安全管理》、《施工项目成本管理》、《计算机辅助施工项目管理》、《施工项目技术知识》。这项制度实施十几年来,对提高施工项目经理的管理水平,起到了积极作用。随着我国加入WTO和社会发展对施工项目经理岗位知识与能力要求的进一步提高,以建造师执业资格制度代替项目经理资质审批制度已成必然。

(1) 审批制度没有对申请人的专业学历教育提出应有的要求

项目经理资质审批制度没有对申请人的专业学历教育提出要求,更不可能对申请人的专业学历进行认可。这种条件下具有项目经理资质的从业人员在总体上与国外建造师就不在一个可以互认的平台上。我国实行建造师执业资格制度,将申请人所受的教育提升为取得工程或工程经济类大学专科学历,提高对申请人所受技术教育的要求,有助于提高整个队伍的技术水平和管理水平,有助于与国外同类从业人员的整体互认。在工程规模逐渐增大,工程技术含量日渐提高的今天提高对施工项目经理岗位技术水平的要求,也是符合发展需要的。

(2)审批制度下没有科学、系统的教育大纲或考试大纲

项目经理资质审批制度下,尽管有一些统一的培训教材,但还缺乏科学、系统的教育大纲或考试大纲。国外建造师不用考试,但他们有科学、体统的执业教育大纲,可据此对申请人所受的高等专业学历教育进行评估和认可。我国实行建造师执业资格制度,发布了覆盖所有专业的《建造师执业资格考试大纲》。《建造师执业资格考试大纲》的出版标志着我国建造师有了自己的执业资格标准,有了与国外建造师进行整体互认的依据。

(3)行政审批模式已经不能适应大环境的要求

到指定点进行培训并由培训点发放培训合格证,据此作为审批的条件之一,这样的审批模式已经不符合国家发展大环境的要求了。因此"取消建筑施工企业项目经理资质核准,由注册建造师代替"已成必然。

(4)审批制度下没有为从业人员提供公开的信用建设平台

受技术手段和管理手段的影响,在项目经理资质审批制度实施的十几年里没有为从业人员搭建起信用平台,个人执业信用体系建设难以有效实施。究其原因,社会对个人信息、信用的掌握与从业人员自己对本身信息、信用的掌握不对称。建造师执业资格制度的实施为个人执业信息、执业档案的建立和公开提供了统一平台,借助社会、市场的力量促进个人执业信用体系的建立。

施工项目经理的岗位是企业内部的一个岗位,但是这个岗位与工程建设质量、安全直接相关,不仅关系到企业利益,更直接关系到公共安全和公共利益,国家有必要对这个岗位上的从业人员提出更高要求。实行建造师执业资格制度取消项目经理资质审批制度,不是取消施工项目经理而是对施工项目经理岗位责任与权利的加强,是对施工项目经理岗位从业人员知识与能力要求的进一步提高。我国取消项目经理资质审批制度,由建造师执业资格制度代替,不是取消施工项目经理制度,建造师执业资格制度的建立是制度建设的进步和提高。

3 有关数据统计与主要问题分析

自"111号"文发布以来,经过一次考核认定和三个年度的考试,我国已经有164246人取得了一级建造师执业资格。为了掌握我国建造师制度建设的实际情况,有必要对建造师执业资格认定、考试的情况进行调查,对有关数据进行统计分析,剖析建造师队伍的构成状况,了解制度建设的现状。

3.1 关于执业资格考核认定

根据"国人部发[2004]16号"文的精神,2004年我国有19585人通过考核认定取得一级建造师执业资格,约有10万人通过考核认定取得了二级建造师执业资格,加上2004年建造师执业资格考核认定的收尾工作,我国总共将有2万多人通过考核认定取得一级建造师执业资格,通过认定取得执业资格的约占一级项目经理总量的18%左右。考核认定是建造师执业资格制度对项目经理资质审批制度继承和发展的重要体现,也是从项目经理资质审批制度向建造师执业资格制度平稳过渡的手段之一。

3.2 关于执业资格考试

全国一级建造师执业资格考试已经完成了三个年度的命题和考试,各省二级建造师也已完成了两个年度的考试工作。为了对整个考试工作有个比较全面的了解,有必要比较对考生的来源情况、考生的年龄结构、考试的通过率等进行统计和分析,更加全面地掌握考试的有关情况等。

(1)考试规模

2004、2005年度参加全国一级建造师执业资格考试的分别为25.5和30.7万人,通过两次考试共有144661人取得一级建造师执业资格,加上通过考核认定的19585人,目前我国共有164246人取得了一级建造师执业资格。

(2)报考人员的从业情况

报考人员的来源即报考人员的从业情况,与建造师执业资格制度的建设密切相关,考试人员的主体应该是施工企业、设计企业的从业人员,因为从事施工项目管理和工程总承包项目管理的主体在施工企业、设计企业。经过对2004年度25.5万考试人员的报名数据分析来看,施工企业、设计企业的考试人员占98.58%,其余1.42%为监理、咨询、质量监督、房地产等企业的从业人员。考虑到可能有部分人员挂靠施工企业或设计企业参加考试,即便考虑这些因素在内,真正在施工企业和设计企业从业的考试人员也应在90%左右。

(3)报考人员的年龄结构

报考人员的年龄结构也是分析考试情况的重要指标,报考人员的年龄结构和分布情况是否能够与从业的情况相一致,关系到建造师执业资格制度的建设能否符合实际的需要。为了全面掌握有关情况,我们对2004、2005年两个年度全国一级建造师执业资格考试所有(共56.2万)考试人员的年龄情况进行

考试年度	按年龄段划分，各年龄段的应考人员占总应考人员的百分比							
	25岁以下	25~35岁	35~45岁	45~55岁	55~65岁	65岁以上	未识别出年龄信息的	总计
2004年度	0.02	38.4	53.88	5.72	0.95	0.19	0.84	100
2005年度	0.02	38.04	54.03	5.79	0.97	0.02	1.13	100

了统计分析，按6个年龄段进行统计分析，结果如下：

从全样统计分析的结果来看，参加全国一级建造师执业资格考试人员的主体是年龄在35~45岁之间群体，相当一部分的是年龄在25~35岁之间的群体，年龄在45~55岁之间的只占6%左右。这一分布情况与实际在一线承担施工项目经理人员的年龄情况大体相当。年龄在35~45岁之间群体应该具有丰富的实践经验，是一线管理的中坚力量，年龄在25~35岁的考试人员中，一些可能是一线的施工项目经理，一些可能是从事工程总承包或施工承包的相关管理工作，这一年龄段的人员再需几年实践经验，逐步成为一线的中坚力量也是符合实际情况的。与实际情况相比，45~55岁之间报考人员的比例偏低一些。这是因为，在考核认定中绝大部分的通过人员年龄在45~55岁之间，考核认定通过人员约占同级项目经理总数的18%。应该引起重视的是25岁以下年龄段的有关情况，尽管年龄在25岁以下的考试人员只占总人数的0.02%，但是他们中可能存在一些不满足实践年限的考试人员。这一现象说明，考试报名受理部门应该加强报名条件的审核，严把考试报名关。

(4) 通过率分析

2004年度全国报考一级建造师执业资格考试的规模大约是28.1万人，实际参加考试的是25.5万人，其中有2万是具有一级项目经理资质符合免试两个科目的考试人员。考试的总体概况是，各专业平均合格率约是29.6%，2005年度的总体通过率是26.77%。

2004年度，在14个专业中报考4科的合格率约是28.23%，考2科（符合免试部分科目）的合格率约是48.73%。这一结果与2005年3月14日建设部市场司、建设部执业资格注册中心在北京组织的14个专业部分考生座谈会上了解的情况相一致。大家认为，经常坐办公室实践经验少的同志答专业工程管理与实务科目的试卷较难，而具有较多实践经验的一线人员答专业工程管理与实务科目的试卷比较合适。

(5) 考试质量问题

建造师执业资格考试是政府设立的考试，考试的质量既是政府关心的问题，也是社会关注的焦点，考试质量关系到执业资格制度建设的成败。毋庸置疑由于建造师执业资格制度刚刚建立，考试也仅仅完成了两次（2006年度的结果尚未发布），考试工作中一定存在一些有待完善和提高的地方。我们有必要对考试情况进行宏观的统计分析，也有必要在微观上还进行抽样调查，了解考试的有关情况。

在宏观上，如前面对全国所有考生的从业状况分析、年龄结构及分布分析、通过率进行了分析，从考生的来源、考生的年龄分布以及通过情况来看，建造师执业资格考试在总体上是成功的。

在微观上，我们通过对部分省、自治区、直辖市建设厅（建委、建管局）调查了解通过考试取得一级建造师执业资格人员的有关情况，了解这些取证人员的可上岗情况。以下面10个地区为例：

这些数据虽然不能十分准确地反映各地的实际情况，但大体上可以反映出全国的概况，同时也可以反映出一些值得注意的问题。

以青海为例。青海的可上岗率之所以偏高，是因为他们在考试报名时严格按照考试报名条件把好了实践年限条件关。调查可以发现，青海、云南、西藏等西部地区建造师上岗率高的原因既有严格要求实践年限关以外，可能还有地区发展相对落后、地区工程规模偏小的原故。这样的数据在全国不具有普遍性，不能代表全国的情况。再以江苏为例。从江苏调查所得数据是20%~30%之间。江苏是一个建筑业大省，也是建筑业强省。从调查数据来看，江苏的比例应该较高才符合建筑业大省和强省的现状。恰恰相反，在所列10个省、区、市中江苏的比例最低。这个比例能否反映江苏的全貌，能否代表全国的现状，我们根据2004年的有

部分地区考试（建造师执业资格）取证人员可上岗比例调查表

序号	抽样地区	考试通过人员中可上岗比例
1	青海	98%
2	重庆	90%
3	云南	90%
4	西藏	90%
5	吉林	89%
6	天津	80%
7	上海	70%
8	宁夏	52%
9	北京	30%~40%
10	江苏	20%~30%
备注	表中统计结果由省级建设行政主管部门抽样调查取得，或根据报名人员的情况估算。	

关数据推算一下有关情况。

人们判断考试人员能否上岗,不光看他是否通过了考试,还看他是否具有必要的实践经验。在一级建造师执业资格考试群体中有:第一、具有一级项目经理资质并符合免考2门的,第二、具有一级项目经理资质不具备免试条件考4门的,第三、具有二级项目经理资质考4门的,第四、具有比较丰富的实践经验而没有项目经理资质证书考4门的等,尤其是停止项目经理资质审批之后的一批具有丰富实践经验的"待批"人员中完全考4门的,可能还有实践经验不多报考4门的。以2004年度的考试为例,全国有2万考试人员符合免考2门的规定,这类通过考试的人员占总通过人员的13%左右,从统计来看具有以一=级项目经理资质和具有二级项目经理资质不满足免考条件的两类考生所占的比例都比这一比例高,仅此3项"可上岗"人员的比例就不低于50%,况且我们也没有理由判定无项目经理资质证书而具备一定实践经验的其他考试通过人员都不能"上岗"。根据分析来看,这一数据既不能反映江苏全省的情况,也不能代表全国的现状。但这一数据也能够反映出,不同企业之间考试通过人员的"可上岗"率可能存在较大的差异。

从抽样调查来看,"可上岗"率高到98%,低至20%。这可能就是抽样调查的特点,比例的高低与我们选取的样本有关。综合青海、江苏、尤其是吉林、上海、天津、重庆、宁夏等地的数据,并结合全国考试人员的从业情况和年龄分布的全样统计数据来看,考试通过人员的"可上岗"比率至少应该在70%以上。从总体上来看,建造师执业资格制度作为一项刚刚建立并在逐步完善的新制度来说,取得这样的效果应该是比较满意的。

提高考试质量是建造师执业资格制度建设的核心之一。考试取得初步成功并不能说明考试本身不存在问题,比如"能干不能考,能考不能干"的问题就是不少执业资格考试面临的问题,差别只是问题的大小不同而已。从各地的抽样调查来看,各地不同程度的存在这样的问题。

为了进一步提高考试质量,建设部组织了"考试命题改革"部级课题研究小组,研究考试命题模式、题型、试卷结构等方面的问题,以指导考试命题的改革工作。为了使建造师命题工作向规范化、科学化方向发展,建设部市场司、建设部执业资格注册中心编制了《建造师执业资格考试命题规程》、《建造师执业资格命题技术手册》,并组织力量开发了《建造师执业资格考试信息辅助分析系统》。命题规程规范了试命题、命题、审题、终校等过程的工作内容,明确了不同阶段的具体责任。命题技术手册参考了其他工程类执业资格考试命题的成功经验,细划了建造师执业资格考试命题的技术要求,逐步积累每年的典型"案例",积累每年的成功经验,对命题专家进行技术指导和规范。考试信息辅助分析系统可以对4个考试科目中3个综合科目和14个专业科目中的任何一道试题进行辅助分析和评价,分析试题的效度、信度和区分度。这个系统不仅可以分析每个试题,还可以分析案例题中每个采分点的效度、信度和区分度,进而判断采分点的设置是否科学,是否合理。同时,建设部每年都会根据上年的考试调查、分析情况,组织专家召开专门的研讨会,提出本年度的工作目标和针对性措施,并对命题技术手册进行完善和更新。这些措施的采取,对考试质量的不断提高提供了管理保障和技术保障。

3.3 平稳过渡的问题

在保证建造师质量的前提下,为了实现制度的平稳过渡,建设部、人事部采取了一系列卓有成效的措施:

(1)考核认定工作

通过考核认定全国共有2万多人(含认定收尾工作)取得一级建造师执业资格,10多万人取得二级建造师执业资格,各自占一级项目经理资质总人数13万和二级项目经理资质总人数60万的18%左右。这是平稳过渡的第一个有效措施。

(2)免考规定

建造师执业资格考试实施办法规定,具有一级项目经理资质证书的人员符合其他相关条件报考一级建造师可以免考2个科目,具有一级项目经理资质和二级项目经理资质的人员符合其他相关条件报考二级建造师可以免考2个或1个科目。免考规定既是对项目经理资质审批制度下部分从业人员知识与能力的肯定,也是平稳过渡的有效措施。

(3)考试命题

在考试大纲的框架内,少出或不出纯理论性的题目,紧密结合实际,尤其是案例题尽量让实践经验丰富的考试人员易于通过,让实践经验少的人不易通过,突出实用性是历次命题的指导原则。这也是实现平稳过渡的有效措施。从考试结果来看,这一原则比较有效。

(4)专业划分

尽管项目经理资质没有专业的划分,但这些人员中大部分都在企业资质所限定的范围内从事施工管理工作,而建造师的专业划分上与施工总包企业资质所包括的专业大体相当。按这样划分专业并进行考试,管理实务正是他们所熟悉领域内的工作,这样的专业设置有利于制度的平稳过渡。当然,建造师的专业划分也存在一些问题,有待在发展中完善和改进。

目前全国一级建造师共有164246人,二级建造师共有20多万人。预计经过2006、2007年两个年度的考试之后全国一级建造师的总量将达到25万以上,二级建造师的总量将达到45万人(含二级建造师认定收尾)以上。全国一、二级建造师的总量将达到70万以上,与目前项目经理73万(含已退休的项目经理数量,一级13万,二级60万)的总量大体持平,略有缺口。从数量上看,一级建造师有余,二级建造师与现有二级项目经理的数量差别比较大。由于在取得一级建造师执业资格的人员中,相当一部分是原来具有二级项目经理资质的人员,还有一部分是二级企业没有项目经理资质证书的人员;估计这两部分人的总量应在10万人以上。对于在建项目的总量来说,这样的量应该可以基本满足实际需要,实际缺口将主要体现在企业升级方面。当然,建造师的保有量具有不平衡性,有的企业缺,有的企业不缺,有的缺的多一点,有的缺的少一点,这样的情况在短时间内是存在的。以目前的报考规模来看2008年度考试完成后,我国一、二级建造师的总量估计将达85万以上。

3.4 专家队伍的来源与结构问题

专家队伍的建设问题,尤其是专家队伍的来源与结构问题关系到建造师制度建设的质量问题。所以,专家队伍的来源和结构问题受到了社会的广泛关注。有必要对此进行说明和讨论。

建造师制度建设与其他制度建设一样离不开专家队伍,包括制度建设的论证和实施全过程。建造师制度建设的专家队伍分别由建设部、交通部、水利部、铁道部等国家有关部委,中国建筑业协会、中国公路建设协会、中国机电安装协会、中国煤炭建设协会、中国石油工程建设协会、中国冶金建设协会等有关行业组织,推荐来自清华大学、天津大学、同济大学、重庆大学、哈尔滨工业大学、东南大学、华北电力大学等全国著名高等院校的专家教授,他们中大部分既有很高的教学水平,又有不少实践经验。尤其是以同济大学教授、博士生导师丁士昭先生代表的专家,不光具有很高的理论水平,更有丰富的实践经验,对国外建造师制度建设更有深入系统的研究。丁先生是国际建造师协会副主席、英国特许建造学会(CIOB)中国代表兼中国管理委员会主任。更多是来自企业具有较高理论水平和丰富实践经验的专家。这些专家来自中国建筑工程总公司、中国交通建设集团有限公司、原国家电力公司、中国铁路工程总公司、中国石油天然气集团公司等国资委管理的企业,还有部分来自地方企业的专家。无论从专家队伍的来源方面来看,还是从专家队伍的结构方面来看,他们都具有广泛的代表性和很强的权威性。

4 建造师执业资格制度科学体系的完善与发展

建造师制度建设是一个系统工程,不仅仅包括考试,还涉及注册管理、执业监管、继续教育、执业信用体系建设等多方面的工作。我国建造师执业资格制度与国外建造师制度的最大区别在入门评价方面,在继续教育、信用体系建设、人才的动态评价等方面具有很大的共性。建造师执业资格制度取代项目经理资质审批制度,它与项目经理资质审批制度最大的区别体现在考试和执业监管两个方面,在执业监管方面将比项目经理资质审批制度下的监管方式、监管手段有重大突破。考试质量和执业监管是建造师制度建设的两个核心,我们要紧紧围绕"两个核心",完善"三个标准",健全"四个体系",建立健全建造师执业资格制度科学体系。

4.1 "围绕两个核心"

4.1.1 考试质量

考试是建造师执业资格制度建立的基础,考试质量是评价建造师执业资格评价体系的重要指标。从我们的宏观统计、微观调查和对试题的效度、信度以及区分度的指标分析来看,考试质量提高将是建造师制度完善、发展中的一个重点。

4.1.2 执业监管

谈到监管,原来监管主体是政府,监管的主要力量是政府及其职能部门。建造师制度的建立对从业人员的监管方式将发生质的变化,它的变化在于引入了社会力量的监督。社会力量的引入是通过建立为社会所共享的注册、执业信息平台而实现的。市场的力量促使每个注册建造师都去建立个人的执业信用档案,社会力量会监督注册建造师干好每项工程。在监管方面,《注册建造师管理规定》在监管手段上有了突破,这个突破就是为社会监督创造了条件。由于社会监督力量的引入,在监管尤其是监督方面,监督的主体将发生更本性转变,随着制度的完善和发展,监督的主体将由政府变为社会,变为市场,市场将利用强大的选择和淘汰力量督促、监督并规范注册人员的执业行为。这是政府转变职能,充分发挥市场机制和我们在管理体制上逐步与国际接轨的重要举措。

4.2 "完善三个标准"

考试标准、教育标准和执业标准是建造师制度建设中的三个重要标准,标准的完善将使建造师制度具有科学的量化指标,使中外建造师在互认方面更具可操作性。

4.2.1 考试标准的完善

建造师的报考条件、《建造师执业资格考试大纲》都是建造师考试标准的重要组成部分,而考试命题、试评卷、正式评卷以及合格标准的确定,都是考试标准的具体实施和执行。大纲是命题的依据,大纲的质量和水平与考试质量直接相关,同样考试命题也可以检验大纲的科学性和可行性,并对大纲的修订提出具体的意见和建议。建设部正是本着这样一个原则,对大纲不断进行完善和修订。在考试命题、试评卷和正式评卷方面,已编制了《建造师执业资格考试命题规程》、《建造师执业资格命题技术手册》,并组织力量开发了《建造师执业资格考试信息辅助分析系统》。对有关过程实行规范化管理,在命题、审题、评卷等过程中控制考试质量。考试标准是判断各国建造师整体水平的重要依据。

4.2.2 教育标准的完善

教育标准是建造师评价体系中的重要组成部分。英国建造师有完整的执业教育标准,CIOB可以根据该标准对高等学校的高等学历教育进行评估,只要申请人的学历是被CIOB评估并认可的学历,申请人就可以不必经过考试,而是经过提交报告和面试的方式获取CIOB的会员资格。虽然我国目前尚不具备进行执业教育评估的条件,但是我们应该参照国外的执业教育标准研究并制定我国建造师的执业教育标准。该标准有利于对报考人员的学历教育进行考察,有利于指导高等教育和职业教育改革,有利于进行注册建造师的继续教育。这个标准应该含有建造师入门教育标准和执业过程中的继续教育标准。入门评价仅仅是建造师水平提高的开始,继续教育是注册建造师水平不断提高的重要手段。因此,教育标准在建造师制度建设中具有重要作用。

4.2.3 执业标准的完善

执业标准关系到执业监管,也是注册建造师进行执业的重要依据。每个级别每个专业的注册建造师的执业工程范围是什么,执业的责任与权利是什么等都是执业标准中的重要内容。这个标准是注册建造师上岗执业的重要依据。《注册建造师管理规定》对此有了明确规定。例如在规模上,大、中型项目的施工项目经理必须由注册建造师担任,小型项目未作强制性要求。这样,业主、企业就可以根据小型项目的实际情况决定是否选用注册建造师担任施工项目经理。给业主(开发商)和企业适当的自主权,有利于发挥企业自律的作用。这是建造师执业资格制度与项目经理资质审批制度的又一个区别之处。执业标准与考试标准一样,需要在实践中不断完善和改进。

4.3 "健全四个体系"

完善和发展建造师执业资格科学体系,需要建立和完善四个子系统:评价体系、教育体系、信用体系和研究体系。

4.3.1 评价体系的完善

建造师评价体系涉及评价目标、评价内容、评价方式、评价手段以及评价结果分析等方面的建设问题,在阶段上它可以划分为入门评价、执业评价、继续教育评价等过程,在评价的实施主体上可以分为政府(行业)评价和社会评价。对人才的评价已经不是传统的静态评价或一次性评价了,而是长期的、动态的、全方位的评价了。这样的评价体系不仅有利于人才的选拔,更有利于人才的教育和成长。评价的实施者不仅是政府,还加入了社会。社会作为评价实施的主体加入评价系统,使得建造师评价体系变成了一个开放的体系,社会评价力量的引入也使注册建造师对自己的评价由被动变为自我主动评价了。社会的评价、市场的选择与淘汰力量将促使注册建造师按照执业规范来严格要求自己,主动维护自己的执业信用。

建造师考试入门的学历、所学专业、从业年限,对建造师知识与能力的要求,对注册建造师的执业评价、信用评价以及继续教育评价都是评价体系完善的范畴,建造师专业调整、命题模式改革、题库建设研究等都是评价内容和评价手段的完善。完善建造师评价体系在人才选拔,人才培养和人才自律等方面有着重要的作用。

4.3.2 教育体系的完善

建造师制度具有评价功能,更有教育功能和教育作用。经过评价的人才纳入建造师管理体系,只有在执业过程中不断接受教育,才能满足执业知识不断补充和能力不断提高的需要。教育体系完善与评价体系的完善紧密相关,教育体系需要针对评价目标和评价要求,制定详细的教育目标和相应的实施措施。随着《注册建造师管理办法》的出台,建造师继续教育的有关规定也即将实施,教育体系将在实践中不断完善。

4.3.3 信用体系的建立

信用体系建设是建造师执业资格科学体系四个子系统中目前最薄弱的一个子系统。信用体系的作用是不言而喻的,但是我国实行项目经理资质审批制度十几年以来,执业信用体系的建设基础还非常薄弱,究其原因是从业人员作为信用建设的主体还没有积极主动地去建立和维护自己的信用资源。在市场游戏中建造师执业资格制度为执业人员建立了一个向社会公开的信用积累平台,为社会和市场提供了一个有效的监督途径和选择淘汰平台,同时也为业主(开发商)提供了一个有效的约束工具。一个有良好信用积累的注册建造师更定会受到市场更多的青睐,反之一个具有不良记录或没有任何信用积累的注册建造师在市场竞争中会失去更多的机会。这就为市场发挥作用提供了有效的机制。这个体系不仅可以反映个人的信用情况,同时也可以反映企业的信用情况,它在规范个人行为和企业行为方面将起到积极作用。随着信用体系的不断完善和业者自律行为的增强,我国建造师制度建设的最终目的也将实现,政府职能也将发生质的转变。

4.3.4 研究体系的完善

建造师制度的建设内容,发展方向以及制度建设的科学性、完整性、可行性等方面需要不断的研究和探索。建造师制度的显著特点是考试,但考试不是建造师制度建设的全部,更不是建造师水平保证的全部。建造师制度建设需要一个完备的研究体系,需要一支常备的专家队伍,专家队伍的建设是研究体系建设的核心。我国在建造师执业资格制度建立之初就搭建起了建造师研究体系,逐步形成了以建设部为主的,国务院有关部委、有关行业协会、有关国资委管理企业共同参与组织和管理的研究体系,专家队伍具有广泛的代表性和权威性。在专家队伍建设和政策研究方面,非常注意发挥国务院有关部委和有关行业组织的作用。研究体系的完善对建造师制度的完善和发展具有重要的作用和意义。

本文对我国建造师制度的建设情况进行了总结,对中外建造师制度建设的异同进行了比较,对项目经理资质审批制度与建造师执业资格制度进行了比较全面地比较和深入分析,重温了我国建造师制度建设的必要性、科学性和可行性,通过宏观统计和微观调查从多角度多方位对我国建造师的考试质量进行了考量,分析并讨论了我国建造师制度建设过程中,为实现制度平稳过渡所采取的一些列措施,对我国建造师制度建设的历史、现状以及取得的成就和存在的问题进行了客观地展示,提出了我国建造师执业资格制度科学体系建立、完善和发展的目标和措施。从分析中可以看出,我国建造师制度科学体系的建设将是一项长期、复杂的系统工程。

参考文献:

[1] 英国、西班牙、法国建造师执业资格制度,《建造师》2005.1.P34.

[2] 国际建造师学会及美国的建造师执业资格制度,《建造师》2005.1.P39.

[3] 缪长江.我国实行建造师执业资格制度的发展历程,《建造师》2005.1.P1.

[4] 江慧成.一级建造师执业管理探讨,《建造师》2005.1.P117.

[5] 迈克·布郎、刘梦娇.英国特许建造学会的专业资格、教育框架以及国际认可.《建造师》2006.2.P27.

[6] 王早生.规范建设工程项目管理,造就高素质的建造师队伍(讲话节选稿),《建造师》2006.10.P7.

[7] 缪长江.解读建造师执业资格考试大纲,《建造师》2006.10.P12.

[8] 江慧成.我国建造师执业资格考试制度的完善与发展,《建造师》2006.10.P15.

[9] 江慧成.中外建造师制度比较探微,《建造师》2006.10.P33.

[10] 董子华、张礼庆.在探索和实践中解决制度建设问题—北京市一级建造师座谈会侧记,《建造师》2006.10.P38.

[11] 孙继德.关于建造师专业划分和考试制度的改革建议,《建造师》2006.10.P19.

建造师职场

诚 聘

因工作需要,现面向全国公开招聘《建造师》编辑,具体要求如下:

1. 本科以上学历,土木工程、工民建或工程管理相关专业毕业;
2. 有较高的思想政治素养和良好的职业道德,遵纪守法,服从领导,廉洁自律;
3. 三年以上工作经历,主要从事建设工程施工、工程管理、工程咨询等,或建设工程相关专业编辑出版工作;
4. 有一定的文字功底,与人沟通能力强;
5. 有一定的英语阅读能力;
6. 有较强的策划能力,有媒体相关工作经历更佳;
7. 年龄在35周岁以内,身体健康;
8. 工作地点在北京;

招聘工作即日开始,请将本人简历(附个人生活照片一张,简历内容叙述一定要真实,工作描述要求切实)投递至:

地　　址:北京百万庄中国建筑工业出版社《建造师》编辑部

邮　　编:100037　　　　E-mail:jzs_bjb@126.com

对当前施工企业法律风险防范与法律事务管理工作的几点思考

朱小林

(广州市第二建筑工程有限公司，广州 510045)

摘　要：本文论述了施工企业面对法制建设不断完善的外部环境,如何自身加强内部管理,提高风险防范能力,在分析了施工企业行业特点与相应法律法规的基础上,提出了制度建设与人才的培养的必要性,并提出了具体应对措施与建议。

关键词：施工企业；法律；风险；防范措施

有人讲："市场经济就是法治经济",虽然这句话未必十分准确,但它却表达了法律在市场经济中的地位,从而对参与市场竞争的主体(企业)在生产经营运作中如何合法经营并运用法律武器保障自身利益、正确维权提出了明确的要求。建筑施工业是国民经济支柱行业,也是传统行业,许多企业有着悠久的历史,在法制不断健全的过程中,面临着观念上与具体生产经营运作上转型,如何主动适应与在新的法律环境下掌握主动权至关重要。本文通过对企业外部环境与内部情况进行分析的基础上提出基本对策与工作方向。

一、法律工作对企业经营运作影响重大

许多建筑集团所属企业发生诉讼案数百件,标的十多亿元。诉讼的胜与败直接影响企业权益,甚至影响资金运作。标的大的诉讼案输赢或执行成功与否,直接决定企业的存亡。例如广东省某建筑施工公司曾因被法院强制执行造成资金危机企业运作陷入困境,也因执行到期债权获得经济效益,收到高额违约金与利息。有的公司先后多次均被法院执行1000多万元,影响企业的正常运作,同时也由于诉讼与执行及时使得工程款的能够及时归还。企业经营稍有不慎,将面临灭顶之灾,这种灭顶之灾看似仅仅体现经济上,实质上很多时候很大程度在法律风险防范上,真正根源来自企业未能及时依法维权或未依法进行生产经营。

二、企业面临的外部环境恶劣与复杂

施工企业处于弱势地位,施工企业投标与履约均需担保,但对业主履约则没有采取对等的约束,行业法律法规与行业习惯造成这弱势地位,这要求施工企业也只能运用相关法律维护自己权益。建筑市场竞争僧多粥少,缺乏行业自律与协调,行业制度不完善,施工企业之间的协作水平不高,各类资质企业竞争平台层次的不清晰,决定了建筑施工行业难以真正做到有序竞争与良性循环。

在法律环境方面,一方面国家为了规范建筑市场颁布了《建筑法》、《招投标法》、《安全法》及最高法院的司法解释等一系列的法律法规与制度,另一方面由于法律法规本身的适合性与具体配套操作办法细则未能跟得上,导致建筑市场不少行为表面上是规范的,但实质上是不规范的；有的方面有明确的法律制度要求,但一直未有真正执行与实施,例如挂靠问题、招投标问题、安全生产等方面。

三、施工企业本身的状况不容乐观

大多数施工企业具有几十年历史的大、中型国有企业,既有辉煌的业绩,也背上沉重的历史包袱,既有一套成熟的运作方式,也有相当的不适应市场的观念与做法。因此,这些企业都在顺应形势,不断改革与创新,主动适应市场与社会的发展。然而,相当部分的施工企业人员老化,观念守旧,受计划经济与固有行为模式的影响,直接影响企业员工在法律不断健全的环境下对情况判断与处理工作的方式,例如：索赔不及时、企业制度不完善或不重视对文字依据(特别是原件)获取、对新的法律法规知识的掌握不及时、重口头承诺而不重视法律依据资料。同时,施工行业存在联营合作或挂靠的情况也比较普遍,从而增加了新的风险源。

施工企业面临历史沉淀下来的问题也不少,许多在计划经济时代形成的事实与状况使企业背上沉重的包袱,主要体现与外商兴办合作合资企业或合作开发,在当时法律法规不健全,自身法律意识不强,但外商在这方面意识却很强,造成我国的不少施工企业十分被动,导致法律纠纷与直接或间接的经济损失。许多施工企业在许多合作项目中不但未有

受益,反而承担经济责任,例如:合作房地产开发中土地使用权的无条件丧失、合作中投入的固定资产得不到补偿等。

四、积极采取对策,做好防范与应对措施,提升企业风险驾驭能力

施工企业必须针对外部环境与企业自身情况,主动采取措施,建立与健全法律风险防范体系,理顺企业自身管理体系,形成应对法律纠纷的必要能力,以确保企业在市场中破浪前进。

1.从法律风险防范的角度,全面梳理现有企业各项管理制度,建立与健全各项工作制度。

企业的各项生产经营管理在长期的工作实践中已形成一套管理制度或惯例,这些制度的建立与健全侧重针对开拓经营、促进生产和加强内部管理而形成的,侧重于如何扩大经营规模与提高经济效益,然而,在这过程中忽略了法律风险的防范。因此,施工企业对企业决策制度、企业经营投标制度、企业合同管理制度、企业绩效考核体系制度(包括奖励制度)、员工管理制度等都必须认真分析与改进。在实践中,不少企业十分重视达到一定的生产规模,造成对承接的项目没有选择性,出现管理不到位,在考核体系中重视每年新接任务,而忽视工程收款率(或按合同收款率),重视生产、经营人才的培养而忽视具备法律专业知识素质在内其它人才的培养,侧重于事后处理与补救而忽视分析预测与事前防范,侧重于授权而缺乏强有力的监督与检查等等。众所周知,国家通过法律法规来管理社会,企业通过制度来管事管人。然而不少企业制度建设随意性较大,换了领导换了做法,改变与调整企业基本制度缺乏相应的监督。因此,企业基本管理制度的建立必须纳入投资方或董事会监管范畴,国有独资企业的上级主管部门或多方投资企业的董事会应要求施工企业制定相应的企业基本制度,并审查有关制度的合理性与合法性,同时定期检查实施情况,通过制度安排来进行必要的监管。只有下属企业或所投资企业的基本企业制度受到投资方的监控并满足风险防范的要求,才能将这些企业纳入法律风险防范的范围。同时,企业各项具体工作制度与细则是根据基本制度而具体制定,从而保证整个风险防范体系的建立。因此,本人建议对所属投资企业进行基本制度的检查与重新审核或审批十分必要,并实施检查,同时也具体工作细则与制度报投资方或上级主管部门备案以抽查。

2.强化法律意识,加强专业与综合素质人才队伍建设,提高员工相应方面法律知识水平。

不同的施工企业在不同方面在不同程度上表现出法律基础工作不扎实的现象。有的施工企业管理人员法律意识淡薄,缺乏本身承担工作所需的法律知识,例如,有的做法与行为已被法律明令禁止,并三申五令,而有的施工企业仍执意孤行;有的负责质量安全方面工作的人对安全质量法规与条例不熟悉,从事预结算的人员对结算方面的条例或政策规定不掌握,甚至有的领导者是法盲,这些都严重影响了企业依法经营与依法维权。这好比在大海中前进的船缺乏回避暗礁与障碍物的意识与必要的技能。一般而言,施工企业员工应掌握《建筑法》、《合同法》、《民法》、《诉讼法》等法律法规及司法解释等方面的基础知识。针对以上情况,施工企业具体可从以下方面开展工作:

首先,对各级管理人员要进行法律意识教育,运用反面教材使大家认识到违反法律法规所产生的严重后果,编制正面的案例教材,使大家能够吸收经验。例如,有的施工企业施工管理人员因在生产管理中违反《安全法》被判刑和取消执业资格;有的企业由于个案超过诉讼时效而损失巨大;有的企业违反《招投标》而受到处罚,而有的企业由于运用法律得当及时维权,施工企业及时维权提起诉讼获得优先受偿权,从而为工程款债权的实现提供最重要的条件之一。意识会形成观念,从而决定行动。通过各种途径与方式,强化法律意识,既是社会发展的要求,也是企业自身的需要。

其次,施工企业必须分类、分层次针对不同岗位的人员进行相应的法律法规知识培训,应明确不同的工作岗位的人员应掌握哪些方面的法律法规知识,采取送出培训、研讨与自学相结合,并进行严格的考核,要求掌握的程度也针对不同工作性质的人群加以区别。例如:从事人力资源管理岗位员工必须掌握劳动法律法规,财务人员必须掌握《会计法》及《税法》;企业的分管领导必须对分管业务所涉及到的法律法规了解,重要内容要掌握。知法、懂法、才能守法,最终大家才能形成运用法律武器主动维权的意识,否则,有护身符都不知道如何使用,不掌握法律知识就等于玩游戏的人不懂游戏规则。例如,目前案件执行难比较突出,这一方面是由于对方当事人的原因或司法实践存在一些问题,但更多时候与我们的处理方式有很大关系,明知对方可能或已在进行资产转移,却不进行诉讼保全或进行调解还款。不少施工企业及时采取诉讼保全,取得了主动权。我们有部分施工管理人员,不知道自己的签认或签收将直接代表企业在某项工作方面的认可,随意签收或签认,造成材料商、民工等分包方与合作方的纠纷直接牵连到自己的企业,造成企业被要求承担连带责任,在送出资料时未要求对方签收或留存,造成诉讼或仲裁开庭时证据不足,甚至工程结算时最后多方签认的结算资料未拿到原件,造成举证困难或无效。这些错误的做法直接造成企业重大经济损失。

最后,要使整个企业人员法律工作水平得到提高,施工企业仍需要相关的较高层次的法律事务方面的管理人才,法律工作本身是一门专业性很强的业务。对法

律事务的综合管理是企业提高法律风险防范与应对能力的基本保障。同时,施工企业应建立专业合作伙伴与队伍(法律顾问队伍与合作律师队伍),利用与发挥社会资源优势,利用不同的律师在不同专业方面的优势(包括人脉上的优势),调动社会力量。因此,施工企业成立法律事务管理部门,一方面加强对企业内部法律事务的管理,另一方面加强与企业有合作业务的律师队伍的工作监督与控制,为企业的稳建发展保驾护航。

3.抓住重点工作与中心环节,以点带面,形成法律管理体系与网络。

从企业运作体系来看,集团一级的公司主要有投资与具体生产经营两大块,而下级公司主要为施工生产及处理历史上的投资与合作。集团公司应针对投资或资产运营的具体业务,找出该项投资或资产投资运营的法律风险防范点,弄清关键症结或可能遇到的法律风险,制定预防措施与方案。而对大多数施工企业以施工生产为主营业务,则根据经营与施工生产的整个过程的各方面与环节进行防范与管理,具体体现为投标阶段、合同签订阶段、生产阶段(包括工期履约与索赔、工程量的签认、质量达标等)、竣工验收阶段、结算与保修阶段等。每一个阶段均有相应工作岗位人员负责相应的工作,而相应的工作则有相应的法律法规、条例与企业本身制度的要求来规范与约束,例如:合同签订的审核程序与审核内容的分工与责任的落实、预结算对签证的跟进要求、资料员对资料收集与归档的工作责任、计划员及时对工期的索赔与签证等。当施工企业明确各个方面、每个过程、各环节与关键点均建立相应的工作制度并有相应能力的人员去实施,企业法律风险防范的网络就建立起来了,从而避免或减少在追收阶段倒回去搞工程结算,甚至在追收阶段工程验收都未能完成,直接造成了战线与防线不断后移,问题积累到一堆才逼迫去解决的被动局面。

当前,施工企业主要面临的法律风险点有:工期、质量、工程结算及工程款的收取、安全和分包管理等方面,现有工程施工项目能够按合同约定计划工期竣工不多,原因主要来自两个方面,一方面是来自施工方的责任,主要原因有:施工力量不足、包工包料工程中材料供应上不上、工程质量存在问题必须翻工等几种情况;另一方面工期的延误也有来自业主或设计等其它方面的原因,主要原因有:没有按合同约定时间支付进度款致使施工方无法购买施工材料及支付工人工资、延迟验收、发包方委托的多个共同施工单位相互衔接不好、发包方没有及时清理施工现场交付施工方、施工地点水电供应上不上、施工过程中频繁变更设计等几种情况。施工项目质量缺陷常常成为业主拖延支付工程款的主要原因之一,甚至导致业主索赔,因此,施工企业应加强工程质量管理,分清质量事故的责任,对不属于施工方的质量事故要及时搜集与保存证据,对属于施工方责任的质量问题及时处理,做好验证手续满足质量要求。工程结算迟迟悬而未决也已成为建设单位拖延支付工程款的手段之一,做好过程签证与索赔证据收集,施工方应依照合同和有关结算的条例做好结算送出与签认手续,按照合理审核期限进行跟踪与催办。然而在实际工作中,不少项目由于施工过程中资料不齐、签证不符合要求,甚至工程由于多方原因迟迟不能竣工验收,导致业主有籍口不对施工项目进行结算。从以上来看,工程项目管理每一个环节往往是建立在上一环节之上,工程欠款的追收是建立在工程结算的基础之上,结算标的不清直接导致追收缺乏依据,即使诉之法律途径也对结算造价需要评估,直接影响最终造价的审定与结算时间。同时,安全法规对施工企业的安全管理的要求越来越高,安全责任重于泰山,安全工作直接影响企业生存与发展,解决安全管理与经济管理之间的平衡关系是企业发展的基础。市场无序竞争导

致施工企业挂靠与不规范的分包情况十分普遍,挂靠企业往往实力不强、管理不到位、无力承担真正责任,一旦出现经济风险或法律责任风险则出现人去楼空的现象或联系不到承包人,风险极大。施工企业必须针对这些风险点制定相应防范机制与具体工作细则,并贯彻实施,严格管理与细致管理严格控制这些风险点,运用法律武器为企业保驾护航。

4.树立正确法律观念,形成切实可行的工作思路。

有的施工企业在以往经营运作中诉讼少,则简单认为自己在整个法律防范上做得很到位或认为不需要投入太多精力。有的企业诉讼发生多,则认为企业存在法律风险大、问题多。这样的观点都是片面的。诉讼案减少不代表维权到位,有的施工企业拿不到工程款不及时采取法律手段及时起诉,对方企业破产或无疾而终,造成工程款收不回来。而官司多的企业如果不是被动维权,而是主动维权提起诉讼,追回工程款,或者积极应诉,维护应得利益,而不是一味忍认让与片面在要求"友好"合作,损害已方利益,这类企业诉讼多并非一定是坏事。

因此,具体分析企业涉案情况,区别主动维权与被动维权,甄别维权质量与效果,这是对企业法律防范与管理系统评价的主要因素,而不是单纯从数量上进行判断。一个施工企业只要形成主动维权意识与能力,开展高质量的维权行动,才能真正做到风险防范。

总之,施工企业必须主动适应市场、适应社会发展,针对企业自身特点,系统分析企业经营系统存在问题与不足地方,制定相应制度与细则,提高员工包括法律知识在内的综合素质,加强监督与管理,最终形成整个企业的法律风险防范机制与网络,使自己具备较强企业法律风险的应对能力。只有这样,施工企业才能做到预防为主,积极应对法律风险,促进企业持续健康稳定发展。

建筑企业采购风险de防范措施与应对策略

◆ 刘 彬[1], 杨晓辉[2]

(1.北京康瑞健生环保工程技术有限公司,北京 100089;2.东电四公司,辽宁 辽阳 111000)

摘 要:市场经济形势下建筑企业的采购行为,越来越受到建筑企业决策者、管理经营者、供货商等的重视,因为建筑业进行大量的设备、材料、机械和工具等的采购中涉及企业巨大成本,存在着太多的风险,也就成了当今社会关注的焦点。本文运用项目管理技术知识,从采购风险管理的角度出发,以多年积累工作实践经验为基础,理论和实际相结合,对建筑企业采购中的风险识别、监控防范、应对策略进行论述与探讨,阐明了建筑企业应建立科学、有效的采购风险防范机制,规范采购制度、堵塞采购漏洞、遏制采购腐败、推动采购行为朝更加健康的方向发展,确保建筑企业采购的成本最低、风险最小、获利最大。

关键词:采购风险;监控防范;应对策略

引言

采购风险通常是指采购过程可能出现的一些意外情况,包括人为风险、经济风险和自然风险。在建筑企业采购过程中,不可避免地存在风险,采购风险贯穿于采购的全过程,是一种客观存在,只能控制并尽可能将其可能发生的损害降低到最低的限度。我们研究风险的目的在于预防和控制、转移风险。怎样保障建筑企业的利益,如何防范建筑企业采购风险,是我们所关注的问题。

我国的建筑企业健全采购制度起步较晚,风险防范机制也不够成熟,在防范建筑企业采购风险方面的理论还不够完善。我们将对建筑企业采购风险防范措施与应对策略进行一些探讨,交流一些经验,无论是对风险的识别或估计,都不是风险管理的最终目的。风险管理的最终目的是尽量避免风险和把风险降低到最低水平。建立科学、有效的采购风险防范机制,将会使建筑企业采购健全制度、查堵漏洞,抵制腐败、推动建筑企业采购行为朝更加健康的方向发展。

1 采购风险的识别

1.1 采购风险一览表

1.2 采购内部风险

1.2.1 计划风险

建筑企业采购部门及人员计划管理水平不适当或不科学,导致采购中的

名称	所含内容
内部风险	计划风险、合同风险、验收风险、存储风险、责任风险
外部风险	合同欺诈风险、价格风险、质量风险、技术进步风险、意外风险
采供风险识别技术	1.有关采购信息收集；2.采购文档复查；3.采购检查列表；4.假设分析法；5.图解技术
采购风险产生原因	1.货物不符合订单要求、呆滞物料增加；2.供应商群体产能下降导致供应不及时；3.预测不准导致物料难以满足生产要求或超出预算；4.采购人员工作失误或和供应商之间存在不诚信甚至违法行为

计划风险，即采购目标、采购数量、采购时间、运输计划、使用计划、质量计划等与目标发生较大偏离。

1.2.2 合同风险

由于合同订立者未严格按法律规定办事，导致建筑企业蒙受巨大的损失。如情况不明，盲目签约；违约责任约束条款简化，或采用口头协议，君子协定等；合同行为不正当，卖方采取不正当手段，对采购人员行贿，套取建筑企业采购标底；给予虚假优惠，或以某些好处为诱饵公开兜售假冒伪劣产品，导致合同风险；采购合同日常管理混乱，合同内容残缺，以致履行时找不到合同文件，使建筑企业难以判别对方是否违约，同时建筑企业自身也常常因为合同管理混乱造成违约而被对方追究。

1.2.3 验收风险

由于人为因素造成建筑企业所采购物资在进入仓库前未按合同及制度要求，对采购物资数量、品种、规格、质量、价格、单据等多方面的审核和验收而引发的风险。如在品种规格上货不对路，不符合合同规定要求；在质量上鱼目混珠，以次充好；在数量上缺斤少两；在价格上发生浮变等。

1.2.4 存储风险

采购量不能及时供应生产之需要，发生生产中断造成缺货损失而引发的风险。物资采购时对市场行情估计不准，盲目进货，结果很快价格下跌，引起价格风险。建筑企业"零库存"策略可能因供应商出现干扰因素，使建筑企业因无货发生生产中断而陷入困境或因供应商供货不及时而造成缺货的风险。物资采购过多，造成积压，其中多数因技术进步而导致的无形损耗，使建筑企业大量资金沉淀于库存中，失去了资金的机会利润，形成存储损耗风险。

1.2.5 责任风险

建筑企业经办部门或个人责任心不强或管理水平不高，同时也确有不少风险是由于采购人员利用不正当手段，假公济私、收受回扣、牟取私利而引发的。

建筑企业采购招投标的每一过程中都会存在风险。如信息不公开，招标方式选择不合理，招标文件中以不合理的条件限制或者排斥潜在投标人，招标文件要求或者标明特定的生产供应者以及含有倾向或者排斥潜在投标人的其他内容，资格预审或资格后审把关不严格使不合格供应商中标，投标人与招标人串通投标，损害建筑企业利益或他人的合法权益，投标人有利害关系的人进入相关项目的评标委员会没有回避，评标委员会成员的名单在中标结果确定前已透露给供应商，评标委员会成员没有客观、公正地履行职务，遵守职业道德，在评标过程中擅离职守，影响评标程序正常进行，或者在评标过程中不能客观公正地履行职责，评标委员会成员私下接触投标人，收受投标人的财物或者其他好处，评标委员会成员或者参加评标的有关工作人员向他人透露对投标文件的评审和比较、中标候选人的推荐以及与评标有关的其他情况等风险。

1.3 采购外部风险

1.3.1 合同欺诈风险

合同诈骗往往具有一定的隐蔽性，有时候很难与正常的合同纠纷相区别。主要包括：以虚假的合同主体身份与建筑企业订立合同，以伪造、假冒、作废的票据或其他虚假的产权证明作为合同担保。接受合同当事人支付的货款、预付款，担保财产后逃之夭夭。签订空头合同，而供货方本身是"空壳公司"，将骗来的合同转手倒卖从中牟利，而所需的物资则无法保证。供应商设置的合同陷阱，如供应商无故中止合同，更改合同条款，违反合同规定等。

1.3.2 价格风险

由于供应商操纵投标环境，在投标前相互串通，有意抬高价格，使建筑企业采购蒙受损失的价格风险。当建筑企业采购认为价格合理情况下批量采购，但不久，该种物资可能出现跌价而引起采购风险。还有国际汇率的变动，也会造成采购价格的风险。

1.3.3 质量风险

由于供应商提供的物资质量不符合要求，而导致建筑企业所生产的产品性能达不到质量标准，从而给建筑企业带来严重损失，并且可能使建筑企业在经济、技术、人身安全、建筑企业声誉等方面造成损害。因采购的原材料存在质量问题，将会直接影响到建筑企业产品的整体质量和建筑企业经济效益，因采购原材料品质不良，影响产品的生产与交货期，降低企业信誉和产品竞争力，直接威胁到企业的生存与发展。

1.3.4 技术进步风险

建筑企业所生产的产品由于社会技术进步引起贬值，无形损耗甚至被淘汰，造成原有的已采购原材料的积压损失，或者由于某种原材料因技术进步而发生变化，导致原有材料技术含量不符合要求不得弃之。采购物资由于新项目开发周期缩短，如计算机新型机不断出现，更新周期愈来愈短，刚刚购进了大批计算机设备，但因信息技术发展，所采购的设备已经被淘汰或使用效率低下，造成因技术进步而招致的风险损失。

1.3.5 意外风险

物资采购过程中由于自然、经济政策、价格变动等因素所造成的意外风险。如交通意外事故等，不能正常供货，遭受缺货风险损失。

2 采购风险防范措施

2.1 全过程的审计

采购全过程的审计是指从计划、审批询价、招标、签约、验收、核算、付款和领用等所有环节的监督。审计重点是对计划制订、签订合同、质量验收和结账付款四个关键控制点的审计监督，以防止舞弊行为。全方位的审计是指内控审计、财务审计、制度考核三管齐下，把审计监督贯穿于采购活动的全过程，是确保采购规范和控制质量风险的第二道防线。科学规范的采购机制，不仅可以降低建筑企业的物资采购价格，提高物资采购质量，还可以保护采购人员和避免外部矛盾。

2.2 物料需求和计划的审计

审查建筑企业采购部门物料需求；物资采购计划的编制依据是否科学；调查预测是否存在偏离实际的情况；计划目标与实现目标是否一致；采购目标、采购数量、采购时间、运输计划、使用计划、质量计划是否有保证措施。

2.3 招标与签约的审计

依法订立采购合同是避免合同风险，防患于未然的前提条件，也是强化合同管理的基础。

首先，要对采购经办部门是否履行职责进行审计。审查采购经办部门和人员是否对供应商进行调查，包括供货方的生产状况、质量保证、供货能力、建筑企业经营和财务状况。每年是否对供应商进行一次复审评定，所有供应商都必须满足ISO9000标准要求，考评主要指标是对每年所执行的合同情况，如供货质量，履行合同次数，交货准时率，来料批次合格率，价格水平，合作态度，售后服务等进行评审，是否在全面了解的基础上，作出选择合格供应商的正确决策，使合同建立在可行的基础上。物资采购招标是否按照规范的程序进行，是否存在违反规定的行为发生。

其次，要对合同中规定的品种、规格、数量、质量、交货时间、账号、地址、运输、结算方式等各项内容，按照合法性、可行性、合理性和规范性等四个标准，逐一进行审核。

2.4 合同汇总及信息反馈的审计

当前，合同纠纷日益增多，如果合同丢失，那么在处理时会失去有利的地位而遭受风险。因此，建立合同台账、做好合同汇总，是加强合同管理、控制合同风险的一个重要方面。

审查合同管理部门是否对交付合同进行分类编号，并建立合同台账。合同统一编号是否规范，每一份合同包括合同正本、副本及附件是否齐全。对于已签订合同，检查是否整理成册，妥善保管；是否建立合同台账、合同汇总以便及时查找合同履行情况。合同履行完毕是否及时建立合同档案。合同管理人员是否将所有合同进行分类汇总，及时提出报告和汇总表，报送单位领导和各有关业务部门据此组织生产，规划价位，及时接运和按时承付货款。是否运用先进管理手段，向相关部门提供及时准确、真实的反馈信息，提高合同管理水平。

2.5 合同执行的审计

审查合同的内容和交货期执行情况，是否做好物资到货验收工作和原始记录，是否严格按合同规定付款。如有与合同不符的情况，是否及时与供方协商处理，对不符合同部分的货款是否拒付。是否对有关合同执行中的来往函电、文件都进行了妥善保存，以备查询。审查物资验收工作执行情况，是否对物资进货、入库、发放过程进行验收控制。对不合格品控制执行情况审计，审计物资管理部门是否对发现的不合格品及时记录。还应重视对合同履行违约纠纷处理的审计。审查采取"零库存"策略的建筑企业，是否保持一定的生产成品存货以规避缺货损失；是否保持一定的件存货以满足需求增长引起的生产需要；是否建立牢固的外部契约关系，保证供货渠道稳定，规避风险，降低成本。

2.6 绩效的审计

应督促相关部门建立合同执行管理的各个环节的考核制度，并加强审计检查与考核，审查是否把合同规定的采购任务和各项相关工作转化成分解指标和责任，明确规定出工作的数量和质量标准，分解、落实到各有关部门和个人，结合经济效益进行考核，以尽量避免合同风险的发生。

2.7 规模和范围

努力拓宽采购规模和范围，实现采购创新，降低建筑企业采购成本，降低采购风险。根据规模经营和效益理论，适度规模的采购才能更有效地降低成本和降低采购的风险。

3 采购风险应对策略

3.1 注重手段

任何事物都有风险,采购风险归根结底,也是可以通过一定手段和有效措施加以防范和规避的。主要的手段有:做好年度采购预算及策略规划;慎重选择供应商,重视供应商的筛选和评级;严格审查订货合同,尽量完善合同条款;拓宽信息渠道,保持信息流畅顺;完善风险控制体系,充分运用供应链管理优化供应和需求;加强过程跟踪和控制,发现问题及时采取措施处理,以减低采购风险。

3.2 把握关键

建筑企业要降低质量、交货期、价格、售后服务、财务等方面的采购风险,最关键的是与供应商建立并保持良好的合作关系。

首先,供应商的初步考察阶段:在选择供应商时,应对供应商的品牌、信誉、规模、销售业绩、研发等进行详细的调查,有可能派人到对方公司进行现场了解,以做出整体评估。必要时需成立一个由采购、质管、技术部门组成的供应商评选小组,对供应商的质量水平、交货能力、价格水平、技术能力、服务等进行评选。在初步判断有必要进行开发后,建议将自己公司的情况告知供应商。其次,产品认证及商务阶段:对所需的产品质量、产量、用户的情况、价格、付款期、售后服务等进行逐一测试或交流。然后,小批量认证、大批量采购阶段:对供应商的产品进行小批量的生产、交期方面的论证,根据合作情况,逐步加大采购的力度。最后,对供应商进行年度评价,对合作很好的供应商,邀请他们到公司交流明年的工作打算。

3.3 策略应对

3.3.1 风险回避

对建筑企业采购管理者来说,在识别风险的基础上,总希望尽可能地回避或分散风险,但何种风险能够回避,要视具体情况而定。因为有的风险无法回避,只有政府才有可能通过制定政策和利用多种管理手段进行宏观调控。对另外一些风险,例如个别风险中的签订合同风险,我们事前可以采取各种灵活多样的措施和方法,尽可能地规避风险。

3.3.2 风险抑制

这种策略是采取各种措施,减少风险实现的可能性引起的损失程度,这是一种积极的策略,但前提条件是面临的风险可以控制。投机风险。如工程采购中应用最新先进技术可以有效地降低成本,但有较大的风险,而采用传统技术,成熟可靠又安全,风险小。

纯风险,这种风险只给单位带来损失,风险越大,损失也越大,但风险可以控制,比如为了减少工程质量事故的发生,可采取各种安全措施,增加安全设施,使风险降低到最小。又比如非典、禽流感等传染病流行时期,为减少感染,可采取各种控制措施,有效降低风险。

3.3.3 风险自留

对一些无法避免和转移的风险采取现实的态度,在不影响大局的前提下,自己来承担风险,这是风险自留策略。如单位面临不可避免的风险,来自自然界和人类冲突的意外风险,意外事故风险等,这时单位只能自己承受;风险已经发生,只能做善后处理,采取措施弥补损失;单位面临的是可以转移的风险,但发现转移成本太高,不如自己承担。

3.3.4 风险转移

用规范的技术和经济手段把风险转移给他人承担的策略:如事先向保险公司投保,风险发生后,由保险公司承担损失。进口设备由代理机构代理采购,可以降低风险。

3.3.5 风险组合

把许多类似的,但不会同时发生的风险集中起来考虑,从而使这一组合中发生风险损失的部分,由其他未发生风险损失的部分来弥补。集中采购本身就是一种风险组合策略,降低了建筑企业资金使用的风险。保证一定的采购规模和适度集中,可以增强抵御风险的能力。今后,在确保采购质量的前提下,充分发挥采购的规模效益和集约度,以降低采购风险。适度规模的原则,至少应是规模收益不变,尽可能地使规模收益递增,而不能使规模收益递减。据此,规模小于适度规模的经济单位,将会有更多的风险,因而必须适度集中,扩大规模经营。

结束语

当今社会市场经济,商务活动无处不在,特别是建筑企业的采购活动具有极特殊性,建筑工程项目中,材料、设备等的采购费用占工程项目总投资额的65%以上,巨额的资金运作,诸多的采购活动中风险无处不在。我们只要认真面对现实,采取科学的风险管理方法,识别风险、科学防范、策略应对,把建筑企业采购风险降低到最低,使得建筑企业的采购成本最低、风险最小、获利最大,这也是本文论述的目的所在。愿所有的建筑企业策划者、管理者在当今世界最为先进的施工管理知识的探讨交流中受益。

动态分析法在投标决策中的应用
——非洲某国公路工程案例分析

韩周强[1]，杨俊杰[2]

(1.中地海国际工程公司，北京 100001；2.中建精诚工程咨询有限公司，北京 100835)

工程承包企业在进行工程项目投标决策时，经常使用静态指标进行经济效益分析，如资金占用率、资金回收率、资金利润率等。这些指标简单、有效，但有时不能完全反映工程的投标价值，不能完全反映市场和企业资源变化对决策的影响。本文通过某国公路工程投标中应用动态指标对项目的经济性进行分析的过程，试图反映这些动态指标的特点和优点，为进行投标决策开拓思路。

动态分析法是从项目所在国家和地区的市场环境、企业资源、资金时间价值三个维度及其变化对项目效益产生的影响进行量化分析的一种方法。本工程分析中把企业承揽工程项目视为进行项目投资，通过引入净现值、内部收益率指标对其投标价值作一些分析。

一、工程概况及合同条件

非洲某国公路新建工程，全长5千米，车行路面2×7米，人行路面2×4米。

主要工程量：基床挖填土175000立方米，沙砾底基层、机扎级配碎石基层58000立方米，沥青混凝土面层2600立方米、双层表处40000立方米，小桥一座，其他排水及防护构造物13000立方米等。

合同条件：工程采用FIDIC合同条件。2005年内完工，工期为6个月，缺陷责任期12月；工程预付款15%，并在工程中期分两期扣回。工程履约保证金10%，保留金5%。根据工程进度按月验工计价拨款。

二、动态指标分析过程

动态指标分析是在完成投标报价的基础上进行的。标价的计算过程，为动态分析提供了基础数据，据此进行整理、归类后进行的。下面介绍分析过程。

1.确定分析依据。

增值税是价外税，在本项目中对企业经济分析不产生影响；不可预见费只有在工程建设中实际发生时，企业才可以获得，有很大的不确定性和不可预见性，与投标决策关系不大，这里不进行量化分析。因此，在本工程投标分析中，不考虑增值税和不可预见费对决策的影响，只在现有工程数量引起的工程标价范围内进行分析。表1是本项目投标报价构成表。

表1　工程标价构成表　　单位：万美元

序号	工程标价构成内容	金额	比重
1.00	工程总价	277.00	100.00
2.00	直接费	217.39	78.48
2.10	人工费	15.85	5.72
2.20	材料费	102.61	37.04
2.30	机械费	98.93	35.71
2.3.1	租赁费	0.00	0.00
2.3.2	台班费	88.93	32.10
2.3.3	停滞台班费	10.00	3.61
3.0	间接费	59.61	21.52
3.1	管理人员费用	5.37	1.94
3.2	业务活动费	16.89	6.10
3.2.1	投标费	2.00	0.72
3.2.2	业务资料费	0.30	0.11
3.2.3	广告宣传费	0.20	0.07
3.2.4	保函手续费	2.77	1.00
3.2.5	合同税	3.12	1.13
3.2.7	保险费	2.00	0.72
3.2.7	当地所得税	5.50	1.99
3.2.8	律师会计费	1.00	0.36
3.3	行政办公及交通费	2.50	0.90
3.4	临时设施费	8.00	2.89
3.5	测试和实验费	2.00	0.72
3.6	设备调遣费	0.50	0.18
3.7	其他摊销费用	7.70	2.78
3.7.1	代理人佣金	4.50	1.62
3.7.2	备用费	0.20	0.07
3.7.3	上级管理费	3.00	1.08
3.8	计划利润	16.65	6.01

对企业来说,资金是有时间价值和机会成本的。由于企业所处的行业不同及企业以往的经营业绩有差异,不同企业对项目的期望收益率不同。在本工程分析中,企业的年期望收益率10%,即月收益率0.8%。

企业租赁设备,所需费用将高出企业自有设备的使用费,本项目中按自由设备使用费提高20%计算租赁设备费用。

工程结束后,设备用于其他工程或报废。如果设备还能使用,在分析时对残余价值进行折现。本项目分析中,按残值的80%变现。

所得税按利润的33%计算。

2.按形象进度及工程单价,做成以工程价格为基础的进度表(见表2)。

3.根据标价构成表及工程进度,计算每月工程成本,汇成月工程成本总表(表3)。在这里,经营成本=总成本-折旧与摊销-借款利息。因为这里使用的分析方法是采用现金流法,而折旧与摊销不影响现金的流入与流出,引入经营成本目的是剔除折旧与摊销。表3和表1的管理费用不同,表中不包括所得税及利润。

在表3中,直接费根据施工进度,计算每月人工费、材料费、机械费成本;考虑实际费用发生的时间,把投标费、律师费、代理人佣金、合同税等分配在工程开工前期,其他费用按工程工期适当分配,填入表3。

4.编制估计的现金流量表。

设计投标方现金流量表格式,逐项填入数据。现金流入包括工程预付款、工程进度款、履约保证金、维修证金、资产余值回收、流动资金回收等;现金流出包括设备购置费、流动资金占用、经营成本、预付款扣款、所得税等。

1)根据合同条件,工程进度款在每月验工后由业主支付进度的90%,其时间相对进度滞后一月填入。此表中,临建工程按工程开工后当月收到全部工程款计算。

2)根据合同条件,维修保证金在工程竣工后一年获得。这里为计算方便,

表2 项目施工进度表　　　　　　　单位:万美元

分项工程内容	工程量	工期	进度							
			1	2	3	4	5	6	7	8
临建工程	8.00	2.0	4.00	4.00						
土方工程	93.00	3.5			26.57	26.57	26.57	13.29		
路面工程	95.00	4.0					23.75	23.75	23.75	23.75
桥梁工程	80.00	4.0			20.00	20.00	20.00	20.00		
杂项	1.00	6.0			0.17	0.17	0.17	0.17	0.17	0.17
小计	277.00		4.00	4.00	46.74	46.74	70.49	57.20	23.92	23.92
累计			4.00	8.00	54.74	101.48	171.96	229.17	253.08	277.00

表3 每月工程成本表　　　　　　　单位:万美元

序号	成本构成	金额10K¥	月份								
			1	2	3	4	5	6	7	8	9
1.00	总成本	260.35	12.12	13.14	39.16	39.16	58.31	47.53	20.62	20.62	9.68
2.00	直接费	217.39	0.00	0.00	37.82	37.82	56.97	46.20	19.29	19.29	
2.10	人工费	15.85			3.86	3.86	3.92	3.90	0.15	0.15	
2.20	材料费	102.61			12.28	12.28	25.65	25.59	13.41	13.41	
2.30	机械费	98.93			21.68	21.68	27.41	16.70	5.73	5.73	0.00
2.3.1	租赁费	0.00									
2.3.2	台班费	88.91			19.49	19.49	24.63	15.01	5.15	5.15	0.00
2.3.3	停滞台班费	10.02			2.20	2.20	2.78	1.69	0.58	0.58	0.00
3.00	管理费	42.96	12.12	13.14	1.34	1.34	1.34	1.34	1.34	1.34	9.68
3.10	管理人员费用	5.37	0.60	0.60	0.60	0.60	0.60	0.60	0.60	0.60	
3.20	业务活动费	16.89	3.00	7.96	0.07	0.07	0.07	0.07	0.07	0.07	5.50
3.2.1	投标费	2.00	2.00								
3.2.2	业务资料费	0.30		0.04	0.04	0.04	0.04	0.04	0.04	0.04	
3.2.3	广告宣传费	0.20		0.03	0.03	0.03	0.03	0.03	0.03	0.03	
3.2.4	保函手续费	2.77		2.77							
3.2.5	合同税	3.12		3.12							
3.2.6	保险费	2.00		2.00							
3.2.7	律师会计费	1.00	1.00								
3.30	行政办公及交通费	2.50		0.31	0.31	0.31	0.31	0.31	0.31	0.31	0.31
3.40	临时设施费	8.00	4.00	4.00							
3.50	测试和实验费	2.00			0.33	0.33	0.33	0.33	0.33	0.33	
3.60	设备调遣费	0.50		0.25							0.25
3.70	其他摊销费用	7.70	4.52	0.02	0.02	0.02	0.02	0.02	0.02	0.02	3.02
3.7.1	代理人佣金	4.50	4.50								
3.7.2	备用费	0.20	0.02	0.02	0.02	0.02	0.02	0.02	0.02	0.02	
3.7.3	上级管理费	3.00									3.00
4.00	经营成本	161.42	12.12	13.14	17.48	17.48	30.90	30.83	14.90	14.90	9.68

表4 财务现金流量表(投标方)　　　　单位：万美元

序号	项目	月份								
		1	2	3	4	5	6	7	8	9
1	现金流入	0.00	0.00	49.55	42.06	42.06	63.44	51.48	21.53	163.62
1.1	预付款			41.55						
1.2	工程进度款			8.00	42.06	42.06	63.44	51.48	21.53	21.53
1.3	履约保证金									13.85
1.4	维修保证金									12.59
1.5	固定资产余值回收									65.656
1.6	流动资金回收									50.00
2	现金流出	223.12	13.14	17.48	38.25	71.68	30.83	14.90	14.90	9.68
2.1	设备购置	181.00								
2.2	流动资金	30.00				20.00				
2.3	经营成本	12.12	13.14	17.48	17.48	30.90	30.83	14.90	14.90	4.18
2.4	预付款扣款				20.78	20.78				
2.5	所得税									5.50
3	净现金流量	−223.12	−13.14	32.07	3.81	−29.61	32.61	36.59	6.63	153.94
4	累计净现金流量	−223.12	−236.26	−204.19	−200.37	−229.99	−197.37	−160.79	−154.16	−0.22
5	折现系数	0.99	0.98	0.98	0.97	0.96	0.95	0.95	0.94	0.93
6	净现金流量现值	−221.35	−12.94	31.32	3.69	−28.46	31.09	34.60	6.22	143.29
7	累计净现金流现值	−221.35	−234.28	−202.97	−199.27	−227.73	−196.64	−162.04	−155.82	−12.53
	计算结果：		i_0 =0.8%		NPV=−12.53		IRR=−0.014%			

表5　动态分析结果

项目条件	静态指标		动态指标		结论	
	资金占用率	资金利润率	NPV	IRR		
全部新购设备	83.39	7.21	−12.53	−0.01%		
全部采用现有设备	53.73	11.19	7.77	1.60%	可行	动态指标判定条件NPV>0,IRR >i_0 = 0.8%
全部租用设备	18.05	33.30	−3.23	0.23%		
购置、现有、租赁设备各占1/3	52.12	11.53	7.08	1.26%	可行	
材料单价上涨10%(购置、现有、租赁设备各占1/3)			−2.74	0.66%		

按资金的期望收益率折现到工程竣工结算日。按年折现率10%计算。

3)根据施工组织选择的机械设备，全部采用新购置，需占用资金181万美元，用于本工程的设备折旧共98.93万美元。这里进行动态分析，设备按投入方式分以下四类情况。a、全部采用新购设备；b、全部采用现有设备；c、全部采用租赁；d、采用三三制，即新购、现有、租赁设备各占1/3方式。表4是按a种方式投入计算的结果。

4)流动资金。流动资金是根据预付款、工程进度款、周转现金、应付材料款估计的资金缺口。此工程所需资金全部按自有资金计算，不考虑贷款利息等。

5)折现和计算NPV和IRR。NPV是项目所带来的现金相当于现在的价值，IRR是该项目的收益率。现金流入减现金流出为净现金流量，折现系数按年10%计算。用EXCEL软件中的函数IRR，NPV可直接计算。

5.根据设备投入、材料涨幅、工期延长等调整情况，分别重新调整相应报表，计算出IRR、NPV后列在同一表中，进行比较。

6.通过分析得出结论。

采用NPV和IRR进行判定时，如果NPV>0或IRR>i_0，则项目是可行的，否则是不可行的。从表六的分析结果看，如果投标时，公司现有设备可以满足项目要求或采用"三三制"使用设备完成此项目，NPV>0或IRR>i_0，项目是有经济价值的。其他几种情况，NPV<0或IRR<i_0，项目是没有经济价值的。从上表还可以看出，即使采用"三三制"投入设备，如材料上涨10%，该项目仍然无经济价值。

三、启示

该例启示我们，动态分析法用于比较简单的项目虽然有点繁琐，但从分析过程和结果来看，它具有一些独特的优点。

(1)动态分析方法能直观、准确地反映项目的经济价值，而且能根据企业现有资源能力和市场的变化进行定量分析。

(2)该分析方法考虑了资金的时间价值，能准确反映业主的资金支付时间对承包方的影响。在投资大、工期长的项目中使用此分析方法非常有用。

(3)该方法貌似复杂，尤其涉及大量数字计算过程，但可以使用EXCEL软件进行数据处理，使过程变简易。

(4)任何分析方法，只能是投标决策的辅助工具。任何投标决策都要结合项目本身的风险、公司发展战略等因素进行综合分析。作为项目决策者既要从全面、整体、系统的视角出发，又要借助其他定性分析方法，多做一些量化分析工作，才会大大避免投标项目决策失误。

关于岭澳核电站
BOP设计采购管理模式的分析和思考

◆ 沈宏瑛

(上海杉达学院管理学院，上海 201209)

摘　要：电站配套设施(BOP)的设计采购是岭澳核电站推行国产化、自主化方针的一项重要举措，其BOP的设计采购管理模式具有鲜明的特色。本文就其中的子项负责制、采购包负责制、系统负责制的内涵及操作模式进行了分析和介绍，并做了简要的评述，以供后续的国产化项目自主化采购管理借鉴参考。

关键词：BOP；子项；系统；采购包；负责制

一、BOP采购管理模式背景简介

岭澳核电站是继大亚湾核电站后广东核电集团又一大型核电站，容量为2×900MW。整个电站的设计以大亚湾核电站为参考电站，主要设备以国外引进为主，常规岛由ALSTOM负责设计供货，核岛由FRAMMATONE负责设计供货。但岭澳核电站在尝试核电站设计采购自主化方面迈出了坚实的一步，特别是国内采购包，设计工作由国内设计院负责，而采购工作完全由业主自己承担。BOP设备材料的采购不仅涉及众多单位，外部有中国核工业第二设计院和广东电力设计院负责部分BOP的全部设计，苏州热工研究院负责国产化设备制造质量的监督和进度的监控，内部又涉及到合同、设计、质量保证、施工协调和接货验收等部门，而且采购的设备材料品种繁多，各子项(厂房)的设计、施工进度又不一致，导致设计变更多、采购物项变化大，致使采购批次多，到货批次不定。要有效地开展BOP设备材料的采购管理，一套切实可行的采购管理模式势在必行。

岭澳核电站的BOP设计采购管理模式是建立在一系列的管理机制基础上的，其中以子项负责制、采购包负责制、系统负责制三项管理机制最具代表性，构成了BOP设计采购管理模式的核心。简而言之，BOP按厂房作为子项进行项目管理，由子项负责人全面协调涉及子项的各部分工作，确定厂房总体布置方案，在子项的总体管理下，设计采用系统负责制，采购按包负责制展开工作。三种管理机制协调工作，贯穿于整个BOP设计、采购和安装工作始终。BOP设计采购管理模式中运用的项目管理理念在很大程度上避免了按职能划分可能造成的组织内部各部门之间信息堵塞，沟通不畅，相互推诿，效率低下等弊端。但由于该模式是首次运用，在使用过程中也出现了不少问题和缺陷，本文也试图对出现的问题进行分析，并就有关方面给出相应的建议。

二、子项负责制

2.1 概述

岭澳核电站的BOP设施共涉及49个建/构筑物，105个系统。其设计采购工作的特点是：设备分散，设计采购供货时间跨度大，涉及多方面介入，供货商多，接口繁杂。为减少设计接口，保证各子项内设备总体设计的完整性和合理性,为了充分发挥专业处的纵向职能,由子项负责人、数名专业负责人和工程师组成子项小组执行子项负责制。

子项是为实现某一特定功能,综合厂房的土建设计、工艺设计(机械、电气、仪控)、子项内设备采购及质量控制等各项活动的工程项目。比如:热机修厂房及仓库(子项AC)、厂区实验室(子项AL)、海水循环水泵房(子项PX)等都是作为子项进行管理。

2.2 组织机构

为了更有效地组织开展子项内各项设计采购工作,采用了矩阵组织结构,设立了子项管理机构。子项管理机构是一个横向的跨专业的组织,由子项负责人、数名专业负责人和工程师组成。该结构的优点是它发挥了职能部门化和项目部门化两方面的优势,促进了专业资源在各子项中的共享,既便于项目之间的协调合作,又保留了职能专家归并一组的好处。

2.3 子项负责制的操作模式

子项负责人在所在部门科长或处长领导下,负责全面组织、协调管理和控制子项的各个工程环节的设计、采购等活动。包括子项厂房的概念设计、初步设计、详细设计,子项内的系统设计、调试大纲、调试程序及运行维护手册等的管理和审查任务;跟踪子项内设备采购工作进展;跟踪施工(土建、安装)和调试阶段的设计变更等工作。子项负责人对子项总体质量、进度和接口负全责。一般情况下,在成立子项组织后,主系统负责人、主工艺采购包负责人或厂房负责人都可能成为子项负责人。其主要职责包括:

(1)子项的人力资源计划和分析

子项负责人负责工作分析,明确所需项目组成员的工作职责、岗位特点、任职资格,所需人数,工种要求等。通过主管处长或设计采购经理与相关处长协调,确定落实子项内的采购包、系统、专业负责人和其他人员。

(2)子项的设计、接口和总体控制

组织收集原始设计资料,保证设计输入的完整性和准确性,负责子项的总体布置,协调各工种、各采购包之间的关系。组织编写子项的概念设计。协调对子项的设计审查,包括方案设计、概念设计、扩初设计和施工设计。必要时,组织设计验证。负责与设计院、相关承包商和其它子项、系统、采购包的协调和管理。编制并审查接口文件(包括主工艺和辅助工艺),预报接口交换日期并及时进行接口交换。

(3)子项的进度监控

子项负责人负责按工程控制二级进度计划要求,编制三级进度计划,审查设计院的子项四级配合进度计划,全面协调三级进度和控制四级进度的执行。定期或不定期组织子项工作小组会议,编审进展报告。对于一般子项,可根据工作需要不定期组织工作小组会议,如有须上级协调的事项,则会后须编制进展报告。组织和主持进度协调会议,负责内外进度协调。

(4)设备材料的采购管理控制

主持子项设计开工会议,参加采购包制造开工会(如有必要)。检查子项内各采购包设备的到货情况(进度、质量、缺件等),及时协调解决缺件问题。协调解决子项范围内的采购质量问题。

(5)安装调试阶段的协调

及时处理主工艺变更文件,并跟踪协调辅助工艺的现场修改活动。处理安装调试过程中的设计采购问题,主要是按照子项内系统、设备的安装、调试进度及时提供相关文件、设备和材料,确保安装、调试连续正常开展。参加系统安装竣工的联合检查,并跟踪处理主工艺与设计采购有关的安装结束遗留项,并关注辅助工艺安装结束遗留项的处理。

三、采购包负责制

3.1 概述

设备材料采购按包进行,同类型或相近的设备放在一个包内。采购包是为实现某一功能,整包或分设备、材料类型采购的批件。采购包分为A、B、C类。A包包括整包的设计和设备采购,它一般为子项的主工艺包,绝大部分A包都是由国外采购;B包由国内设计,按部件采购,B包涉及到各子项;C包系统设计量小,整包或分小包采购,C包也涉及到各子项,但对子项总体布置影响小。本文主要以B包作为研究对象。

3.2 采购活动的组织

BOP设计采购工作以子项负责制组织设计,以采购包负责制组织采购。采购包负责人对采购设备材料类型、品种、数量、采购要求、质量等级和进度的协调管理负总责,相关专业工程师提供必要的技术支持。合同部门根据采购要求开展商务活动,确定采购项目和费用,商定交货时间和交货地点等事宜。质量监督部门负责所采购设备材料的制造过程质量监督和进度跟踪。以下就采购包负责人这一块的工作模式进行简要介绍。

3.3 采购包负责制的工作模式

3.3.1 采购包负责人的主要职责

采购包负责人全面负责协调采购包范围内的各个环节的活动,其任务和职责随工程进展的不同阶段而异。

A.采购准备阶段

制定BOP采购政策,准备合同招标书并负责采购合同评标(技术部分);对BOP潜在供应商进行调查和资格审查,准备合同技术附件并参加合同谈判;发布和管理B类包采购订单。

B.设备制造阶段

参加制造开工会和设备制造中间会;审查供应商提交的制造工艺文件、检查试验文件和设计文件;协助审查质量文件、质量计划；负责处理BOP制造过程中的不符合项和偏差项，BOP制造进度和质量跟踪。

C.安装配合阶段

配合审查现场有关的设计修改工作；在机械方面，协调安装部门、供应商、设计院之间的接口工作；供货质量跟踪，处理安装过程的不符合项；对安装过程中增加的材料补充采购；材料需求及转移的管理；

D.调试配合阶段

配合系统负责人处理调试过程中出现的与采购设备有关的问题，包括设备质量问题，相关设备接口参数、性能参数的提供等。

3.3.2 采购活动的动态跟踪

B类包尽管技术要求不高，采购的设备大多为通用产品。但由于国内市场尚不完全规范，因此，B类包的设计与采购分开，业主定设备，设计院进行系统设计，业主多了一道接口控制环节。同时，由于BOP潜在设计变更因素多，可能的突发性采购多。为了更好地协调各项采购活动，使各采购工作参与方能及时交换采购信息，BOP设备采购活动的数据管理使用统一的采购管理软件BEMS（电站配套设备材料管理信息系统）和设备材料编码，由授权人员输入、修改和维护。

3.3.3 建立突发性采购渠道

对BOP通用设备/备件，以单价形式签定合同，原则上分批供货，但要求供应商有突发性供货能力。通用标准产品一般情况下在订单下达一个月内可供货到现场。另外，根据一、二核资源共享的原则，岭澳核电公司可利用一核已在备品备件采购方面建立起来的采购渠道，建立二核零星突发性采购渠道。

四、系统负责制

4.1 概述

系统是综合机、电、仪各专业活动，使各设备按规定的功能要求有效运行的综合工艺过程。系统可以跨岛、跨子项，也可以仅局限于某个子项内。全厂BOP子项的所有系统均有专人（即系统负责人）负责，系统负责人对整个系统负责。

4.2 系统负责制的操作模式

系统的设计实行处长领导下的系统负责制。对每一个系统，负责处处长和支持处处长指定一个系统负责人和若干个专业工程师参与该项活动。系统负责人主要负责管理审查由设计院承担的整个系统设计的合理性、完整性、安全性、可操作性。系统负责人的主要任务和职责包括：参与系统相关进度的制定，负责系统设计手册第一阶段的编制，主持组织其他工种对系统设计手册进行审查和汇编，负责编写或审查该系统调试文件，负责系统计算书的审查等。

五、BOP设计采购管理模式的特点

BOP设计采购管理模式中的三种负责制同时展开，相互交错进行，充分发挥各自优势。三者关系及工作模式可参见图1。

子项负责人在BOP设计采购管理模式中处于核心地位，他可以兼任主工艺包负责人，可以兼任主系统的负责人。子项所在的厂房离不开系统，系统中的设备需按采购包采购。子项、系统和采购包三者关系密切，故子项负责人、系统负责人、采购包负责人之间工作联系密切。

对于跨子项的系统，系统负责人独立于子项负责人运作，不只局限于某一个子项。子项负责人负责协调子项范围内的部分，如子项范围内的流程图、阀门表等。子项负责人负责统一考虑整个子项的工作，而系统负责人既负责其子项范围内的系统设计工作，也需统一考虑整个系统的工作。

对于仅涉及一个子项的系统，如是主系统，一般由子项负责人兼任主系统负责人，如是辅助系统，系统负责人全权负责该系统的工作，子项负责人只是与之协调进度。

对于仅限于一个子项的系统和采购包，它们都在子项负责人的管理协调下，进行单一内部运作。对于涉及多个子项的系统和采购包，它们和子项是一

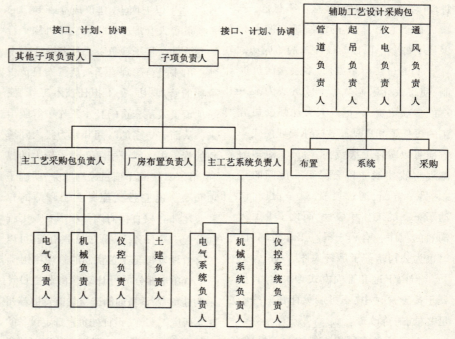

图1 BOP设计采购管理模式示意图

个相互交错运作的关系。

六、结语和改进建议

从实践来看，BOP的设计采购管理模式基本上经受了考验，实践证明了它是行之有效的。主要积极作用表现在以下几个方面：

1）实施子项负责制使得设计采购管理除了基本的、常见的纵向垂直行政管理外，增加了横向的管理，使整个管理形成矩阵结构，有效地减少了管理上的漏洞。通过子项负责人和不同专业的专业工程师的频繁的沟通，可以大大加强部门间的紧密联系，加强协作力度，减少部门间的隔阂，有助于整个设计采购队发挥整合作用，提高效率。

2）核电站可看作一个大工程，BOP的每个子项就可看作一个小工程，管理好每个小工程的设计采购，便是管理了一个大工程的设计采购。实行子项负责制，是实行了化整为零、化繁为简的管理思想。具体而言，子项负责制主要精髓就是由子项负责人（相当于工程项目经理）全面负责整个子项的设计管理、进度、协调。抓小项目，从小事做起，子项负责制紧密、科学的组织机构极大地保证了每个小项目的设计采购的成功。

3）通过实行多方面、多层次的负责制，使得设计采购队每个成员成为某一项或多项负责人，可以大大加强公司员工的责任感和成就感。这种管理模式一方面可以减轻上级负担，给员工更多的施展自我才能的机会，激发他们的斗志，另一方面，通过授权，赋予责任，调动了下属的工作积极性，简化了上下级沟通的程序，有利于提高工作效率，同时也为公司培养了后备人才。

但由于这套管理模式首次运用，仍处于摸索探讨中，不可避免存在一些不足之处，需待改进：

1）子项负责制组织机构过于松散，子项负责人虽有其责，但由于手中无权或者说权利不大，比如说对专业工程师无支配权，常常有力使不上，使得效率不高。这也是管理学界探讨的矩阵结构伴随的一个常见问题。出现这样的情况通常是由于职能部门负责人不愿意放权，且职能部门负责人对其下属的控制权力较大，这时子项负责人很容易被挂空，难于负起子项负责人的责任。然而，一种新的组织结构，新的组织变革在运作初期总会面临多重障碍，特别是会受到原有企业文化和员工价值观的影响。基于上述状况，建议加强对有关人员的教育和培训，让他们进一步认识到子项负责制的运作机制，处级领导应深入进行员工间的协调沟通，给与子项负责人全面的支持和相应授权。一种新模式的顺利开展需要很长一段时间的磨合、调整，但作为处级领导一旦认准了目标和方向，只有坚定不移地走下去，给员工起表率作用，才能最终获得变革的成功。

2）大多数子项负责人同时兼任主厂房系统负责人，采购包负责人，使得子项负责人工作任务较重，常常顾此失彼。

基于以上两点，建议成立一专门的子项负责人管理组织机构，该机构平行于专业处，将子项负责人从各专业处中独立出来进行管理。子项负责人只负责子项的管理、协调，不担任技术工作，使子项负责人从繁重的技术工作中解脱出来，从而有更多的时间和精力投入到子项的管理中。赋予子项负责人较大的权利，最好直接赋予项目经理职务，明确子项负责人有直接支配专业工程师的权利，比如有权直接向该子项内专业工程师分配一些任务等。通过这些措施，可以更有效地发挥子项负责制的管理作用。

3）BOP部分的设计采购由业主设计采购处负责，设备的制造质量监督由苏州热工研究院实施。设计处负责选定设备的设计验收标准，在遇上需设计处审查的制造质量问题时，设计处须对最终处理办法拍板。由于设计处对制造厂的实际情况不太了解，纯粹通过设备供应商的解释反馈来确定质量问题的处理办法有失偏颇，同时也在一定程度上削弱了苏州热工研究院作为业主代表严格按照验收标准和质量计划要求进行监督验收的权威，增加了监督的难度。建议取消设计处就质量问题的最终拍板权，维持设计处就质量问题的分析和提供建议的权力，由质量监督处全权处理与供应商就质量问题的接口工作，这有利于避免供应商和设计部门可能的暗中勾结和过失掩藏。

4）由于种种原因（包括进度紧急、供应商问题等），部分BOP采购包在尚未完全准备好质量文件（如质量计划、设备规范等）就开始了开工，甚至制造基本达到结束状态，这使得有过程控制要求的设备处于业主对质量不可控状态。建议合同签订前加强对供应商的质量体系审核，供货能力审核和以往供货经验审核。加强和相关供应商的信息沟通，确保供应商理解客户要求，对违反规定的供应商做好记录以备后续参考。

5）BOP设备目前的QC监督等级是按照设备供应商的质保体系来确定的，比如供应商的质保体系是ISO9001，则该供应商提供的设备需按QC1级来进行全过程控制，假如供应商的质保体系是ISO9002，则只需要按QC2进行部分过程控制。这种QC监督等级的确定方法忽略了设备本身的质量要求和安全要求，是一种不太科学的办法。建议设计处按设备的质量和安全重要性划分质量监督等级，以达到合理配置资源，提高经济效率的目的。

总之，核电设计建造的自主化过程是漫长而艰巨的，把握有限的、宝贵的核电设计建造机会，从中不断地总结经验，吸取精华、去其糟粕，才会不断地顺利实现每一步深化核电设计建造的自主化进程。

代建制项目管理中矩阵式组织结构的探讨

◆ 唐勇

(广州工程总承包集团有限公司,广州 510620)

摘　要：广州工程总承包集团有限公司(以下简称总承包集团)作为广州地区第一家承担代建制项目(广州市第二少年宫项目)管理的大型建筑企业,通过学习现代项目管理理念,借鉴国内外同行的先进经验,不断探索、发展、完善代建制项目管理的运行模式,使之逐渐成为集团核心竞争力的重要组成部分。其中,采用矩阵式组织结构的管理模式是总承包集团在实施代建项目管理中取得的宝贵经验之一,对推进代建制项目管理的发展完善有普遍的借鉴意义。本文就是对总承包集团在从总承包管理转型为代建制项目管理中,施行矩阵式组织结构管理模式的探讨。

关键词：代建制;项目管理;矩阵式;组织结构;管理模式;核心竞争力

一、矩阵式组织结构的建立

大型项目代建制业务涉及项目管理复杂性越来越大,企业需要更为高效、集约和能适应复杂组织要求的项目管理模式。总承包集团为适应项目管理的现实需要和发展趋势,按照国际通行方式和GB建设工程项目管理规范的标准,采用矩阵式组织结构,通过多项目的执行系统与专业支持系统的结合部呈矩阵状,实施项目经理总部运行新模式。(矩阵式组织结构见图1)

二、矩阵式组织结构在实施代建制项目管理中发挥的作用

1. 总承包集团项目经理总部以矩阵结构为管理框架、以项目成本管理为基础,以落实工作责任链条、风险防范机制和信息化管理为重要手段,全面提升项目管理和工程承建的管控能力,加快形成了工程系统的核心能力和竞争优势。

2. 项目经理总部施行矩阵式项目管理组织结构,体现在多项目的执行系统与专业支持系统相结合,对象原则与职能原则相结合,既发挥职能专业的纵向支持优势,又发挥项目执行的横向优势。

3. 矩阵组织内部设部门经理、合约经理、技术总监、执行经理、专业主任、专业主管等职能岗位,相互间具有明确的组织定位和管理接口,支持系统的专业主任对参与项目组织的专业主管有组织调配、业务指导和管理考察的责任;构成横向执行系统主线的"合约经理—执行经理"将项目组织的专业主管

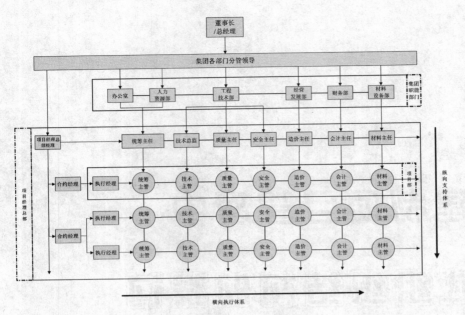

图1 矩阵式组织结构示意图

在横向上有效组织在一起,统筹他们为实现项目目标协同工作。新的矩阵组织模式实施后,每一个"项目合约"均按新模式的要求任命合格的"合约经理"和"执行经理",执行经理向合约经理负责,合约经理向项目经理总部经理负责,项目经理总部经理向集团公司分管领导负责,集团公司分管领导向集团公司总经理负责。

三、企业过渡为矩阵式组织结构面临的问题和矩阵式组织结构自身的不足

由于总承包集团的国企背景和一直以来采用的传统金字塔型的管理架构,在过渡为矩阵式组织结构中不可避免会发生管理上不顺畅。并且项目管理的矩阵形式在许多方面与传统的组织理论相冲突,比如:双重隶属、权力和责任的分割、职权不相当和对等级原则的忽略。它违反的这些原则恰恰是我们过去工作中所应遵循的准则,也因为这样,意味着矩阵组织具有组织的复杂性和内在的冲突环境。但要认清的是,不断增加的复杂性和模棱两可并不是使用矩阵组织的结果,而恰恰是采用它的基本原因。

1.自身架构问题。组织发展是一个渐进的过程。目前项目经理总部的组织结构形式也因为与职能部门之间的权责、支持体系的模糊,所形成的不是真正意义上的矩阵形式,而是一种职能部门向矩阵结构过渡的形式。项目管理的管理规范,即如何做好项目管理还没有达到共识,好的管理经验还没有及时累计和共享。

2.集团对项目总部模式的支持体系问题。集团对于矩阵模式的支持流程并未完善建立,各职能部门与项目经理总部的接口仍未十分明确,由于权责的分配而引起的效率较低。

3.集团整体赢利模式的策划建立问题。另外由于集团缺乏对整体赢利模式的策划建立,导致竞争合约与执行合约相脱节,职能部门对项目总部的支持作用不能充分发挥,加上部门间沟通不充分,成本、预算、绩效等难以按照责权利来合理编制考核。

4.对项目经理总部新模式的认识问题。对于项目管理和矩阵式形式的新模式,并不是每个人都理解明白。又因为矩阵式形式本身的模糊性,对传统金字塔组织形式规则的违反以及对各职能部门的专业支持和横向沟通更高的要求,使得执行矩阵的人在执行时充满了困惑。

5.项目经理职权缺口问题。矩阵组织的项目经理的管理必须跨越公司的部门界线,以及对参与代建项目的多个公司、政府部门进行管理协调。但项目经理没有跨越所有部门层面和公司层面、特别是没有跨越政府投资管理部门的上下级职权。理论上,矩阵概念违反最严重的管理原则也是"责任应该永远与相应的职权相结合"的原则。所以,项目经理几乎始终存在职权缺口。

6.项目工作人员的双重隶属问题。矩阵组织的一个主要特征是双重隶属关系的存在。项目的主管同时受命与项目经理和职能部门经理,项目经理决定"要做什么和什么时候做",而职能经理关心的是技术因素,例如"有谁来作"这类问题。只有当项目经理和职能经理有很好的关系,并且两个经理都愿意放弃对他们下属的某些权力的时候,双重隶属才是很顺畅的。但实践中也表明,在项目经理和职能经理中,相对强有力的人赢得了对下属的控制。

四、对企业矩阵式组织结构发展完善的探讨

1.基于流程重构的定编定岗。完善项目经理总部矩阵式组织模式业务流程,进而推进职能部门支持体系的合理调整,再到以核心业务为导向的集团整体管理流程的调整,最终实现以集团公司QMS/EMS/OHSMS为基础的流程重构(BPR),同时发展基于业务流程的跨职能团队。

2.以建立企业赢利模式、创造整体绩效为目的,对竞争合约与执行合约两

条主线进行整体策划整合。根据竞争合约和执行合约两条主线，进行以建立企业赢利模式、创造整体绩效为目的的合约策划整合。一方面从职能职责的制定上，发挥项目经理总部总经理（商务经理）和合约经理的作用，根据执行合约项目的实际，测算风险、成本、利润，从合约竞争开始参与竞争的策划和实施。另一方面，经营发展部与项目经理总部形成矩阵中重要的互补支持功能，同时策划竞争合约。

4. 对项目管理的认识和行为模式上的转变。实施矩阵式组织结构形式以来，经过运行磨合，项目经理总部和各职能部门开始逐渐熟悉和接受这种模式。但由于总承包集团的国企背景和一直以来采用的传统金字塔型的管理架构，部门间只仅仅对上级负责的层级观念（这正是要矩阵所要摒弃的观念）占据主导。项目管理对集团各级领导、员工都是一个新课题，亟待各级从思想到行为模式的转变。这需要高层领导的全力支持，项目总部直接领导人通晓项目管理知识，人力资源部提供相关的培训教育，更需要在平时工作中潜移默化的理念渗透。

5. 现代项目管理中的矩阵组织形式对集团管理架构提出的要求。

（1）要求集团职能部门在矩阵式管理中发挥职能支持的作用。

（2）要求集团建立与之匹配的三大体系：人力资本体系、财务资本体系和企业运行体系。

（3）要求集团内以绩效为导向的内部市场链的建立和绩效考评规则的建立。

五、矩阵式组织结构在代建制项目管理中的发展前景

矩阵式组织结构以其优化资源配置、降低运行成本、强化流程责任链管理等优点，在做好代建制项目建设全过程系统、专业的实施管理工作和提升对项目合约执行的管控能力中，发挥了不可替代的作用。作为承接代建制项目管理的企业，在逐步完善自身流程、构建核心竞争力、实现与国际同业管理的接轨、为建设项目业主提供全面和优质的服务中，矩阵式组织结构必将成为其主要的组织结构形式，并在企业科学管理的发展中推动代建制项目管理逐步走向成熟。

参考文献：

[1]（英）F.L.哈里森（Harrison,F.L）：《高级项目管理：一种结构化方法》（Advanced Project Management：A Structured Approach），ISBN 7-111-11131-1，机械工业出版社，2003年1月；

[2]（英）尼尔.M.格拉斯（Neil .M.Glass）：《管理是什么》（Management Masterclass：A Practical Guide to the New Realities of Business），科文（香港）出版公司，2004年1月；

[3]胡泳：《张瑞敏如是说》，浙江人民出版社，2004年版；

[4]冯劲：《正确把握集团与属下企业的战略规划关联及母子公司关系定位》，《建筑经济》，2004年第11期。

[5]美国项目管理协会，《项目管理指示体系指南》（第三版），2005年1月；

[6]建设部，《建设工程工程项目管理规范》（GB/T50326-2001），2002年5月1日；

[7]建设部，建市[2003]30号文，《关于培育发展工程总承包和工程项目管理企业的指导意见》；

[8]国务院，国发[2004]20号文，《国务院关于投资体制改革的决定》；

[9]建设部，建市[2004]200号文，《建设工程项目管理试行办法》；

[10]广州市发改委，穗发改投资[2005]30号文，《广州市政府投资建设项目代建制管理试行办法》。

信息

北京市政、路桥合并重组　成立控股公司总资产150亿

北京基础设施建设的两大骨干企业"北京市政"和"北京路桥"合并重组，成立控股公司。该公司今后将承建北京50%以上的城市基础设施建设。

北京市政和路桥同属于国资委，新成立的控股公司注册资本金10亿元，总资产150亿元。今后，控股公司下将有4大子集团：市政集团、路桥集团、养护集团、材料集团。经营范围将扩展到市政、交通、建筑工程的规划、设计、施工、监理和运营，房地产开发，技术开发咨询，建筑材料生产和市政设施养护、公路养护绿化等各个领域。

据介绍，合并重组后，新公司仅静止排名，就已进入"中国500强"前200名之内。

大型复杂工程承包施工承包人应慎签固定总价合同

曹文衍

(上海市建纬律师事务所，上海 200040)

一、案情简介

某地方政府投资的一项水下公路隧道工程，由代表政府投资人的某国有企业作为业主，通过公开招标将工程的设计、采购和施工以EPC总承包的方式发包给某企业联合体。业主与联合体之间的EPC总承包合同约定采用工程总价固定包干。该联合体由数个企业根据联合体协议组成，其中A为牵头单位。联合体内各成员单位根据联合体协议，分工承担总包管理、设计和施工，各方按照约定的出资比例分享权益、分担可能的亏损。随后，联合体又与除牵头单位A之外的其他几名成员单位分别签订了工程设计、施工等分项工程的承包合同。联合体与其成员单位B公司之间的水下沉管段施工合同约定：在合同内工作量范围内工程总价固定，且非因B公司的原因造成的工程成本增加或者B公司的施工损失应由联合体承担。工程施工过程中因发生重大意外事故，最终致使工程损失巨大，且工期严重延误。有关部门组织专家组得出的事故鉴定结论为：由于该工程技术难度高，施工水域水文地质情况复杂，目前尚无成熟的设计、施工经验，该事故是一起工程参与各方未能预料的意外事故。工程完工投入使用后，联合体与B公司之间为合同外新增价款以及事故处理费用的承担发生争议，B公司遂向仲裁机构提起对联合体的仲裁申请。

二、案件争议焦点评析

本案中双方主要争议的问题之一就是合同外增加工程量的确定，这也是固定总价合同双方易发生争议的一个主要方面。

固定总价合同是目前建筑市场比较常见的施工承包合同形式之一。所谓"固定"，是指这种合同价款一经约定，除双方合同约定的因素发生时予以调整外，一律不调整，这类约定的因素主要包括工程量的增减以及设计变更等。所谓"总价"，是指整个合同的价款，包括完成合同约定范围内工程量和为完成该工程量而实施的全部工作的价款。

固定总价是工程承发包合同中常用的一种计价方式。《建筑工程施工发包与承包计价管理办法》(建设部第107号令)第十二条规定："合同价可以采用以下方式：(一)固定价。合同总价或者单价在合同约定的风险范围内不可调整"。《建设工程价款结算暂行办法》(财建[2004]369号)第八条则对固定总价的适用范围作出规定："发、承包人在签订合同时对于工程价款的约定，可以选用下列一种约定方式：(一)固定总价。合同工期较短且工程总价较低的工程，可以采用固定总价合同方式"。然而，相比于固定单价合同、按实结算合同、成本加酬金合同，固定总价合同由于具有合同条款相对较少、从表面上看合同价款明确、工程造价易于结算的明显特点，发包方往往在起草合同能力不强、签约谈判时间较紧或者工程预算资金控制严格的情况下，倾向于采用固定总价合同方式签订合同,甚至在如本案中的合同工期较长、总价较高、技术工艺复杂的工程中也采用固定总价合同方式。在这种情况下,一般适用于短期、小额、简单工程的固定总价合同的优点反而变成了缺陷。首先,固定总价合同项下的工程在施工过程中,如若发包方不改变合同约定的施工内容,合同约定的总价款就是承发包双方最终的结算价款,对双方而言,可以节省双方的计量、核价工作量。但是,对于长期、大额、复杂工程,实际施工过程中经常会发生设计、施工内容的变更甚至重大变更,因而实际情况往往是合同约定的总价款与承发包双方最终的结算价款相距甚远。此时,固定总价合同项下的工程结算不仅要分析原先固定总价的详细工程量和价格构成,还要对是否新增或者变更内容作判断并达成双方一致,再要对确属新增或者变更的工程内容计量、核价。如此一来,不仅增加了承发包双方对合同中有关新增或者变更工程内容计价条款的争议,也增大了双方计量、核价的工作量。其次,固定总价合同项下的工程,如果施工周期较短,合同履行过程中的材料价格市场波动的风险相对较小,或者合同的一方较可能预见并采取必要的防范措施;如果工程技术简单且合同总价较低,由于计算等因素导致的工程量错算、漏算以及施工方案和技术变更的风险对于有经验的承包人而言相对较低,且能够承受。如此,发包方可将主要风险转嫁给承包方。固定总价合同一经签订,合同履行过程中的价格上涨风险以及工程量错算、漏算的风险均由承包方承担。鉴于合同中已约定只有在满足特定条件的情况下才可以调整合同价款,因此,承包方索赔的可能性大大减小,而发包方却能轻易做到基本不突破原投资预算。然而,对于长期、大额的工程,合同履行过程中的材料价格市场波动的风险很大,而且承包人对于工程材料价格上涨难以预见,更难以防范;对于技术复杂的工程,工程量错算、漏算,特别是合同履行过程中施工方案和技术变更的风险即便对于有经验的承包人而言也很高,且难以承受;更何况,工程本身的技术复杂还经常导致合同双方在固定总价合同中难以对可以调整合同价款的特定条件作出明确的约定。

本案中联合体与B公司签订的合同约定:"除非合同签订后实际施工图纸发生变化而使合同范围内的工程量增加或减少超过10%,或者工作界面及内容发生变化的,否则合同约定的总价一概不予调整。"这是一个典型的固定总价合同,承包方B公司将承担由于市场价格以及设计变化引起的费用变动的风险。但上述关于可调价条件的条款实际上并不明确,属于"约而不定"的条款。首先,上述"合同范围内的工程量增加或减少超过10%"的表述不符合工程实际而无法具体适用。因为一项工程的工程量由若干类别的不同分项和子项组成,不同类别的工程量之间无法进行单纯的数量比较。其次,上述"工作界面及内容发生变化"的表述过于笼统,难以适用与合同履行过程中具体而复杂的情况。本案工程施工过程中,因实际情况发生变化以及双方未曾预料的情形突然发生,导致原设计方案不得不进行适当调整,从而工程量增加较多。工程完工后,B公司将自行编制的《决算报告》上报联合体,同时将合同内、外增加施工的项目内容作为附件一并提交。在所提交的《合同外增加项目认定表》里有一部分发包方联合体对B公司所作的工程是这样描述的:"工程情况属实,是否为合同外增加项目,有待协商。"这正说明,合同双方对于承包人在结算文件中要求额外增加计价的工程是否属于合同中表述的"工作界面及内容发生变化"的理解存在明显的歧义,直接导致了双方的结算纠纷。由于系争工程技术难度较高、结构复杂,国内外鲜见相关经验可以参考,因此,合同价款涵盖的内容是否包括争议的工程量,双方均难以充分证明,承包方无奈之下只能申请仲裁。

笔者建议,对于承包人而言,为了避免承担不必要的合同风险,对于合同工期较长、总价较高、技术工艺复杂的工程,如果发包人提出固定总价合同方式招标,投标人应当认真仔细地审阅招标人在招标文件中是否向投标人提供了详细、明确、全面、充分的施工图及说明、施工要求、招标范围、投标人报价应包含的工作内容、费用项目,招标文件中所附的施工合同文本中有关变更价款的条件是否合理、明确和可操作,是否给予投标人足够的编标和询标时间。投标人除了要仔细审阅招标文件、图纸及说明、熟悉施工场地和工程条件、理解设计意图,尽量减少工程量计算失误之外,更要特别关注那些对于完成工程施工必须而招标图纸和设计说明中存在的不可行、不完整或者明显缺漏的或者根据设计规范或惯例未提及的工程量和辅助工作。因为在固定总价合同中通常约定,发生上述情况时的合同价格不予调整。此外,对于比较复杂或技术较新的工程项目,可能存在某些无法预见的因素,导致在招投标阶段所作的工程量及工程范围预算与实际发生的工作量及工程范围存在一定的差距。在这种情况下,承包方只得通过及时签证,在工程的施工阶段将增加的工程量或超出合同范围的工程量进行确定,以避免工程完工结算时,对该部分工程量的支付产生纠纷。本案中,如果承包方B公司能够通过签证的形式将争议部分的工程量及时固定下来,则该部分的争议将可能避免或者仲裁请求较易获得支持。

综上所述,固定总价合同尽管在工程款的结算等方面有其优势的一面,但毕竟其在适用工程类型上有一定的局限性。特别是对承包方而言,固定总价下的价格风险和工程量风险较多地将由其来承担。同时,最高人民法院《审理建设工程施工合同纠纷案件适用法律问题的解释》(法释[2004]14号)第二十二条规定:"当事人约定按照固定价结算工程价款,一方当事人请求对建设工程造价进行鉴定的,不予支持。"因此,除非是短期、小额、简单工程,承包方选择采用固定总价合同应慎之又慎。对于某些工程复杂、工期较长且合同总价较高的合同,如果发包方坚持采用固定总价的结算方式,则承、发包双方应对风险范围、风险费用的调整和计算作出明确具体的约定。同时,在施工过程中,承包方及时签证,以减少日后纠纷。

本案中的另一焦点是意外事故处理费用的承担。《建筑法》第五十五条规定:"建筑工程实行总承包的,工程质量由总承包单位负责,总承包单位将建筑工程分包给其他单位的,应当对分包工程的质量与分包单位承担连带责任。分包单位应当接受总承包单位的质量管理。"由此可见,我国法律对施工过程中施工现场安全风险和质量风险的管理已作了规定。但是,对于不可抗力等原因引起的在建工程事故风险的承担却缺乏具体的条文规定。不可抗力等原因导致的工程毁损或灭失,因为不存在责任人,所以相应地亦不存在由哪方承担责任的问题。然而,对于因该风险而产生的损失承担却依然现实存在。在一般情形下,由于建设单位、总、分包各方均参与了建设项目的投保而将该风险间接转嫁给保险公司。但是,现实的情形往往复杂多变,当不可抗力等原因所导致的风险超出保险的承保范围或在保险公司对该风险的赔付尚未有定论的情况下,由哪方承担该风险即变成争议的焦点。

根据我国《合同法》第二百六十九条的规定,建设工程合同是指承包人进行工程建设,发包人支付价款的合同,包括工程勘察、设计、施工合同。建设工程合同属于承揽合同的特殊类型,具有承揽合同的一般特征,其标的是完成一定的工作并交付工作成果。但是,由于建设工程完成的工作和交付的工作成果属于价值较大的工程,常常涉及到国家的规划、计划等特殊管理,与一般的承揽合同在合同的订立和履行时有较大差别,因此法律对其作出特别规定,将其单列为一类独立的有名合同。正是由于建设工程合同与承揽合同具有同源的共性,《合同法》第二百八十七条规定:"本章(即第十六章,"建设工程合同")没有规定的,适用承揽合同的有关规定"。鉴于,《合同法》"建设工程合同"专章中未对工程建设过程中的风险承担作出特别规定,因此应当适用承揽合同的相关规定。

承揽合同的一项重要的法律特征是承揽人应当以自己的风险独立完成工作,独立承担完成合同约定的质量、数量、期限等责任,在交付工作成果之前,对标的物意外灭失或工作条件意外恶化风险所造成的损失承担责任,具体到建设工程合同中就是承包人应当以自己的风险独立施工完成工程建设。在完成工作交付工作成果之前,因发生意外或其他无责任人的情况致使工程发生毁损或灭失的,能否按照合同约定完成工作的风险完全由承包人承担。按照这一理解,本案中因抢险发生的费用应由承包人B公司承担。但是国际通行的FIDIC条款对于上述费用损失定性为业主风险,换句话说,在本案中这一风险的承担人是发包人联合体。因此,对于上述风险到底该由哪方承担,在我国尚没有明确的法律规定或公认的行业惯例。然而,本案合同条款中"因非施工单位的原因造成施工单位的损失或增加本工程的成本,经双方协商,由总承包方向施工单位补偿"的约定将系争工程的抢险费用明确为发包人承担,承包人的风险得以转移。

综上说述,对于施工工艺比较复杂且技术含量较高的工程项目,有效避免承担在施工过程中因一些无法预料的原因而发生的工程毁损风险的最直接的方法是就工程进行投保,尽可能将投保范围最大化。但是,往往现实更为复杂多变。首先,保险公司的理赔一般需要一个较长的过程,在确认赔付之前,承、发包双方均不愿主动承担该部分损失的费用;其次,如若经认定后,上述损失不在承保范围内,则该风险最终由哪方承担仍未解决。因此,对上述风险的分担在承包合同中加以约定是对工程投保最好的补充,例如,"因不可抗力等原因造成的损失或增加的工程成本,在保险公司赔付前,由发包方(承包方)先行垫付,待理赔结束后,双方另行结算";"非因合同双方当事人的原因造成的损失或增加的工程成本中不在本工程投保范围内的,经双方协商,由双方均摊",尽可能做到防患于未然。

参考文献:
[1]张世星.建设工程固定总价合同纠纷成因及其解决途径探讨[J].
[2]张海燕,章丽丽.一起造价争议看固定总价合同的特点、风险及防范[J].

建设工程施工合同风险管理案例

◆ 邓新娣

(中建一局，北京 100073)

XXX招标工程概况：某大厦工程，总建筑面积约5.5万m²，地下两层约1万m²，地上28层约4.5万m²，建筑高度92m，框架剪力墙结构。招标范围为施工图纸范围内全部建筑安装工程。

＊＊＊施工单位经招标单位资格预审后，从招标单位领取招标文件；领取招标文件后该施工单位负责投标前工作的市场部门牵头，组织招标文件评审，相关部门参加招标文件评审；各部门首先对该工程招标文件评审，对具体条款中存有风险的条件罗列出来后进行风险评估；随之进行投标文件评审，制定风险应对策略，评审程序见示意图。

投标文件风险评审及合同文件风险评审程序与以上示意图类似。合同管理部汇总后的内容参见下列汇总表（附后）。

汇总表是该案例各阶段工作以列表的形式总结归纳。对该项目的招标文件和合同条款进行了风险预估，提出了对应风险应采取的措施，明确了各风险投标的策略和意见。在合同评审和谈判阶段进行了合同风险分析后的合同友好协商客观公正的通过修改完善合同，部分规避和限定了合同风险。有利于发包人和承包人更好的履行施工合同。

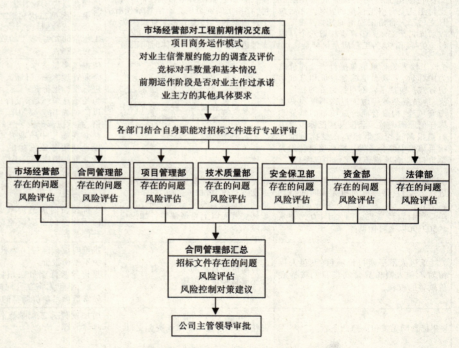

XXX项目招标文件评审程序示意图

XXX建设工程施工合同风险管理汇总表

招标文件和其中合同条款的要求和条件	招标文件评审投标风险预估	投标文件评审风险应对策略	合同评审与合同协商谈判的风险限定
该项目招标单位是某集团公司,资金来源是自筹资金	该建设单位为某集团公司,履约信誉较好,资本实力较足。曾合作过一个项目,履约能力较强,对其招标习惯和存在风险较熟悉	基本无信誉风险	
该合同文本是采用国家建设工程施工合同文本	采用规范文本,条款齐全		
1.施工总工期要求420天	工程体量大,工期较紧,但公司采取措施,加强控制和管理,420天内能完成,风险基本不大。但投标时注意工期的承诺不可减少太多工期	为提高竞争力,投标工期410天。须做好保证工期的措施方案,初步论证410天能按期履约	合同条款增加了:非承包人原因影响工期,工期可以顺延条款
2.工期违约责任罚款:竣工期每延误一天罚款10万元;按进度计划完成地下工程、地上结构封顶等阶段工期,延误一天罚款10万元	该工期违约责任为总工期和节点工期违约双罚且罚款额度高,又无须上限,违约责任较重。存在不确定因素影响工期的风险,应谨慎测算和确定投标工期,避免风险	合同谈判应协商增加条款:总工期若按期竣工,节点工期罚款可返还;协商增加罚款上限;这是采取承受性和限定性的对策;在履行合同时发生影响工期因素及时办理工期顺延的签证	合同谈判协商增加了条款:总工期若按期竣工,节点工期罚款可返还。增加了罚款上限条款:罚款总金额累积不超过合同价款的3%。从而限定了意外的无限制罚款风险
3.工程质量要求鲁班奖。工程质量未达到合同标准,承包人向发包人支付违约金合同价的10%	存在质量履约和罚款风险:获鲁班奖不仅须承包方的努力,更是受多方面的因素影响,而且是须有指标限制的,能否达到是有风险的。该质量要求是必须接受的	对此质量要求尽管有风险,但要投标就必须接受满足业主要求,这只能是采取承受性对策。同时采取限定性对策,合同谈判协商增加条款;非承包人的原因未获鲁班奖,不执行罚款条款;施工中注意多方因素的影响	经友好协商客观对待,合同条款增加:非承包人的原因未获鲁班奖,不执行10%违约金罚款条款
4.工程预付款为5%。工程进度款支付:第一次付款地下工程完成后,支付已完合格工程量的70%,第二次付款地上结构完成至10层后支付已完合格工程量的70%,之后按月支付已完合格工程量的70%,竣工验收后支付至85%,结算审核后六个月内付至95%,留5%为工程质量保修金	工程预付款比例低,前期需垫付部分项目启动资金;进度款支付比例不高,前期是阶段支付,后期余款结算符合6个月内支付,有相当的资金压力。结算审核后6个月内支付,使施工企业有丧失优先受偿权的风险;支付进度款没有明确具体时间限制	争取提高预付款比例;结算审核后6个月内支付的条款争取修改为:结算审核后3个月内支付;合同条款应明确具体支付时间,要求第一次第二次付款都是在节点工程完成后5日内,支付已完合格工程量的70%,竣工验收合格5日内支付到85%	与业主协商后未同意提高预付款比例;结算审核后6个月内支付至95%,同意修改为结算审核后5个月内支付,避免了丧失优先受偿权的风险;支付进度款明确了具体时间:第一次第二次付款在节点工程完成后5日内,支付已完合格工程量的70%;竣工验收合格后5日内支付到85%,规避了条款不严谨造成后果的风险
5.该工程为工程量清单报价。合同价款为中标价,采取固定综合单价和总价承包方式。包括了除不可抗力外的物价上涨、地质复杂等等施工过程不可预见及所有风险,构成合同价款项目的单价不因任何原因调整。承包人在投标报价中有错报漏报均视承包人在投标报价的项目单价中综合考虑。措施项目费用为总价包死,各项措施费报价中已考虑	按工程量清单计价,综合单价包括施工所有费用和利润、税金及合同中承包人承担的除不可抗力外的所有风险的费用考虑	依据工程量清单,结合市场价格和企业管理水平,招标文件具体规定进行投标报价。为便于竞争,投标报价只适度考虑风险的费用,要报有竞争力的价格,需承担部份竞争性经济风险。注意在施工中争取及时办理确认设计变更签证发生的费用包括设计变更的措施费的手续	
6.设计变更、签证发生的费用不随工程进度款支付,待结算审核完成时随结算款支付;单项子目设计变更金额大于1万元并累计50万元以上可做调整	设计变更、签证发生的费用不随工程进度款支付,增加资金压力;单项子目设计变更金额大于1万元并累计50万元以上可做调整;加大成本风险	设计变更、签证发生的费用支付累计到一定额度时进行支付(100万元);投标报价时需适度考虑50万元不作合同价款调整的经济风险补偿系数	协商后设计变更、签证发生的费用支付累计120万时进行支付(约1%);关于设计变更可调整金额的条款,合同修改取消了累计50万元可调整的内容,即大于1万元可调整
7.对承包人不平衡报价项目,发包人保留对承包人报价异常高项目的按标底价调整的权利	对有单价异常高的项目,有被调整为标底项目单价的可能	报价时注意坚持实事求是报价,避免不平衡报价;报价异常低项目在招标文件中未反映,承包人将在合同谈判中争取异常低项目单价调整的权利	合同无变化
8.招标合同无发包人违约条款	责任不对等,业主须保证资金支付	增加发包人工程款支付违约处罚具体内容	发包人只同意填写按通用条款执行
9.争议是选择发包人公司所在地人民法院起诉	应选择发包人工程所在地域人民法院协商约定争议解决选择工程所在地人民法院	经协商该条款修改为工程所在地人民法院	
10.工程保修期:屋面防水十年,其他五年	保修期比国家规定的年限多了一倍,保修费用的增加使成本增加,是承受性风险,必须接受。合同谈判争取按国家保修办法执行	为竞争中标,报价中不能考虑此费用	合同条款的保修期修改为按国家保修办法规定的期限保修

国际建筑市场 225强承包商的竞争力分析

阎长俊[1]，樊士友[2]，李雪莹[2]

(1.沈阳建筑大学管理学院，沈阳市 110168；2.沈阳奥祥建设公司，沈阳市 110031)

摘 要：根据ENR(Engineering New Records，工程新闻纪要)的统计数据和国际建筑市场的发展趋势，本文从国际建筑市场的区域结构、行业结构和规模结构三方面，分析国际建筑市场的225强承包商的国际竞争力，并探讨中国建筑企业的主要差距和改进途径。

关键词：国际建筑市场；市场营业额；国际竞争力；建筑企业

1 国际建筑市场的发展

上世纪80年代末以来，全球225强承包商每年的国外营业总额都在1000亿美元以上。国际建筑市场的营业额1989年为1126亿美元，1990年增至1203亿美元，由于地缘政治和战争的影响，1991年达到1519亿美元。此后的10多年内，虽然世界经济增长速度趋缓，但总体保持增长势头，国际建筑市场出现了稳定发展的兴盛时期。近年来，国际建筑市场呈现出蓬勃的生机，根据ENR（Engineering New Records，工程新闻纪要)的统计数据，国际建筑市场的225强承包商(Top contractors)国际市场的营业额从2003年的1398亿美元上升到2004年的1674.9亿美元，上升幅度达19.8%。2005年，225强承包商在国际市场的营业额从2004年的1674.9亿美元上升到2005年的1894.1亿美元，增长了13.1个百分点(见表1)。但这种增长趋势并不意味着国内收入的下降，与国外的发展相对应，他们的国内收入由2004年的3347.9亿美元上升到2005年的3734.2亿美元，上升了11.5%(ENR,Aug.21-28,2005,2006)。

改革开放以来，中国承包商在国际市场的规模、经验及其业务领域等方面都有所提高，国际竞争力逐步加强。进入225强承包商的中国企业由1989年的5家，10年后增长到1998年的30家。2004年中国有49家公司入选国际最大225家承包商，比2003年多了两家，营业总额为88.3亿美元，占225家承包商营业总额的5.3%，较2003年下降了0.66个百分点。2005年中国有46家公司进入全球最大的225强承包商行列，比2004年少了两家（中国道桥公司和中国港湾工程公司合并为中国交通公司），其营业总额为100.7亿美元，首次突破百亿美元市场份额这一大关，占

表1 225强承包商2005年的市场份额

承包商国籍	公司数量	国际市场份额 亿US$	%	中东 亿US$	%	亚洲 亿US$	%	非洲 亿US$	%	欧洲 亿US$	%	美国 亿US$	%	加拿大 亿US$	%	拉丁美洲及加勒比海地区 亿US$	%
美国	52	348.4	18.4	107.2	38	33.0	9.8	23.3	15.4	105.1	15.3			46.9	74.3	32.4	26.8
加拿大	3	1.3	0.1	0.26	0.1	0.03	0.0	0.01	0.0	0.03	0.0	1.02	0	NA	NA	0.0	0.0
欧洲	59	1156.3	61.0	82.5	29.3	140.5	41.6	74.7	49.3	542.5	79.1	225.2	90.2	16.2	25.6	71.1	58.9
英国	7	127.3	6.7	13.4	4.8	20.9	6.2	7.6	5.0	38.2	5.6	45.9	18.4	0.0	0.0	1.3	1.1
德国	6	218.4	11.5	3.1	1.1	90.0	26.6	9.3	6.1	35.7	5.2	77.2	30.9	0.7	1.1	2.5	2.1
法国	9	289.7	15.3	17.1	6.1	20.1	6.0	36.3	24.0	166.7	24.3	30.9	12.4	10.1	16.1	8.5	7.1
意大利	12	58.9	3.1	18.1	6.4	3.3	1.0	10.6	7.0	9.3	1.3	2.3	0.9	0.3	0.5	15.0	12.4
荷兰	2	51.7	2.7	0.0	0.0	0.0	0.0	0.08	0.1	44.5	6.5	3.7	1.5	0.0	0.0	0.0	0.0
西班牙	8	125.9	6.6	2.7	0.9	1.7	0.5	3.4	2.3	70.5	10.3	5.3	2.1	3.4	5.4	38.9	32.2
其他	15	284.4	15.0	28.1	10.0	4.62	1.4	7.4	4.9	177.8	25.9	59.9	24.0	1.6	2.6	4.9	4.0
日本	17	160.4	8.5	43.8	15.6	73.9	21.9	4.7	3.1	16.2	2.4	20.3	8.1	0.02	0.0	11.4	1.1
中国	46	100.7	5.3	13.3	4.7	50.7	15.0	32.3	21.4	1.2	0.0	0.6	0.0	0.03	0.0	2.6	2.1
韩国	7	24.0	1.3	11.8	4.2	9.7	2.9	0.9	0.6	0.9	0.1	0.4	0.1	0.0	0.0	0.4	0.3
土耳其	20	36.93	1.9	9.1	3.2	9.4	2.8	5.1	3.4	13.4	2.0	0.03	0.0	0.0	0.0	0.0	0.0
其他	21	66.2	3.5	13.6	4.8	20.6	6.1	10.4	6.8	6.5	0.9	2.2	0.9	0.0	0.0	12.9	10.7
所有公司	225	1894.1	100.0	281.6	100.0	337.8	100.0	151.4	100	685.8	100	249.7	100	63.1	100	120.8	100

资料来源：ENR, Aug.21-28, 2006

225强承包商总营业额的比例为5.3%，与2004年持平，平均营业额为2.1亿美元，等于225强营业额的平均水平（8.4亿美元）的1/4（见表1，ENR，Aug.21-28，2006）。面对中国的竞争，西班牙Abeinsa公司主席Alfonfo Gonzalez Dominguez在评论2005年国际建筑市场时指出，"国际市场上不容乐观的方面在于亚洲国家竞争力的提升，尤其是中国、印度和那些拥有价格优势的国家，这些价格优势来源于廉价的劳动力资源。"

ENR的统计数据反映了国家建筑业和建筑企业的国际竞争力。建筑业的国际竞争力是指以提供高附加值的产品和服务为基础，从而在国际市场获得竞争优势的能力。对于2005年的国际建筑市场，澳大利亚Worley Parsons公司的首席执行官John Gill指出，业主正尝试分担一定的风险，使得来自于承包商的额外费用降到最低限额，"我们看到高风险正在向小模块转移"。市场正吸引着新的经营者加入，"正当那些传统的承包商忙碌时，一批经验有限、涉世不深的竞争者正闯入市场，迎接他们的将是高风险及残酷的价格冲击。"为了提高中国建筑企业的国际竞争力，有必要充分理解中国建筑业的国际竞争力的现状和提高国际竞争力的根本途径。反映产业国际竞争力的指标主要有国际市场占有率、行业占有率、出口绩效指标、竞争力系数等。由于国际建筑工程服务贸易的特点，很多数据难以统计和计算，本文以国际市场占有率、行业占有率和国外营业额来衡量中国建筑业国际竞争力的绩效水平，这些统计数据来源于各期ENR。

2 国际建筑市场的竞争结构分析

本文从国际建筑市场的区域结构、行业结构和规模结构三方面，分析国际建筑市场的竞争力，重点分析中国建筑企业的国际竞争力。

2.1 国际建筑市场的区域结构分析

按区域划分，国际建筑市场主要包括：欧洲市场、亚洲市场（包括澳大利亚）、北美市场、中东市场、非洲市场和拉美及加勒比地区市场。欧洲市场和亚洲市场一直是全球最大的国际建筑承包市场，据ENR统计，1993年亚洲地区的国际工程占全球份额的33.1%，此后10年，一直保持在大约30%。欧洲紧随其后，所占份额保持在20%以上。中东、非洲和拉美市场所占市场份额波动较大。1980年中东市场所占的份额曾居全球首位，达到39%，但是受世界石油价格和战争的影响，到1990年其份额只有14%，而到1997年更降到9.48%。非洲市场主要受国际援助的影响，很不稳定，由于90年代外援减少，其所占份额迅速缩减，1997年只有8.54%。拉美市场份额1992年突然由上年的32.8%降为9.4%，此后两年进一步下降到6%左右,这主要是因为拉美各国外债负担过重,发展受到制约。

国际建筑市场的巨额利润,吸引众多承包商在稳固自己的传统市场的同时,不断扩张新市场,随着国际经济和政治的发展变化,国际建筑市场各区域营业额的变化较大,但这种变化并不意味着任何地理意义上的扩张。2005年,拉美及加勒比地区市场的营业额占国际建筑市场总营业额的比率虽然只有6.4%,但其营业额的增长率却居全球之首,达到44.1%。欧洲市场和亚洲市场的增长率分别为13.8%和10.9%。根据ENR的统计数据,2005年,欧洲市场、亚洲市场(包括澳大利亚)、北美市场、中东市场、非洲市场和拉美及加勒比地区市场占国际建筑市场总营业额的比率分别为:36.2%、17.8%、16.5%、14.9%、8.0%和6.4%(ENR,Aug.21-28,2006)。国际建筑市场的主要市场份额仍然由美国、法国和德国等发达国家所占有,这一格局多年来一直未发生变化。从国际建筑市场的区域结构分析,中国承包商的国外工程主要集中于亚洲和非洲,多年来这一局面也一直未发生变化。2005年中国承包商占亚洲市场和非洲市场营业额的比率分别为15.0%和21.4%,中国建筑工程总公司在亚洲市场排名第三,中国建筑工程总公司和中国石油工程公司在非洲市场排名分别为第八和第十。中国承包商在发达国家的市场份额一直很低(均低于1%),2005年在美国和欧洲的市场份额均低于0.2%,而日本承包商同年在美国和欧洲的市场份额分别为8.1%和2.4%,分别是中国的40倍和12倍(见表1)。这反映了中国承包商尚未获得发达国家的广泛承认,中国承包商尚未真正进入发达国家的承包市场。

2.2 国际建筑市场的行业结构分析

按市场的行业结构划分,国际建筑市场主要包括:一般建筑、交通工程、石油、动力、工业、制造、水处理、排污及排放处理、电讯、有害物及固体垃圾处理。根据ENR的统计数据,1991年工业及石油化工业工程占全部建筑市场份额的38.02%,1992年增长到51.06%。随后开始逐年降低,1995年降为29.9%;1996、1997年又开始增长,所占份额分别是31.07%、33.94%。2005年则为23.1%。从1994年开始,一般建筑所占份额一直维持在21%以上,2005年为27.8%。交通运输业则维持在16%以上,2005年增长到26.9%。动力行业所占的市场份额较少,一般占到9%,2005年则降为6.2%。根据ENR2005年的统计数据,上述排序的十大行业占国际建筑市场总营业额的比率分别为:27.8%、26.9%、17.7%、6.2%、5.4%、2.6%、2.3%、1.8%、1.2%和0.8%(ENR,Aug.21-28,2006)。

根据ENR的统计数据,2005年中国有三家公司即中国建筑工程总公司、中国机机械工业公司和上海FSECO公司进入一般建筑、动力和有害物处理三个专业领域的前10名,都排在第七名。中国公司在交通工程、石油、工业、制造、水处理、排污及排放处理和电讯这七个领域均未进入前十名。在上述十个专业领域,排名靠前的承包商基本被发达国家的公司所垄断。2005年中国最大的9家承包商的行业业务分布比例(见表2),表2的数据说明中国承包商大多仍然集中在一般房屋建筑、交通等较为传统的项目上。

目前,国际承包市场发生了很大的变化,一方面,总承包的内容扩展到设备采购与供应、设备维护、人员培训和项目融资,一个总承包项目可能同时涉及到建筑、机械、电力、给水供水和交通等方面的业务。另一方面,随着新建筑材料技术、新装饰材料技术、给水供水技术、机电技术的发展,业主要求提供技术的复杂程度在增加,承包范围也在增加,仅仅专长于某一业务范围的承包商正在逐渐失去其竞争力。

2.3 国际建筑市场的规模结构分析

从国际建筑市场的规模结构分析,发展中国家和新兴工业化国家的地位在不断提高,总体实力不断加强。但长期以来,无论是公司数量还是公司所占市场份额,发达国家在国际工程建筑市场都占有绝对优势,包括美国、欧洲和日本在内的发达国家1997年1998年分别有161家和155家公司被列入全球最大的225家之内,其国外营业额分别占225强营业总额的85.9%和85%。而同

表2 2005年中国最大的8家承包商的行业分布(%)

公司名称	一般建筑	机械	动力	水处理	石油	交通	有害物处理	其他
17 中国建筑工程总公司	92	0	0	1	0	8	0	0
45 中国港湾工程公司	0	0	0	0	0	100	0	0
45 中国路桥公司	0	0	0	0	0	100	0	0
50 中国机机械工业公司	5	0	55	3	15	29	0	0
60 中国石油工程公司	0	0	0	0	12	52	23	13
67 中国铁路工程公司	15	1	0	0	0	84	0	0
73 中国铁路建设公司	9	0	0	0	0	90	0	2
76 中国土木工程公司	21	0	0	0	12	65	0	2

资料来源:ENR,Aug.21-28,2006

期，发展中国家和新兴工业化国家只拥有225家中的64家和70家，其国外营业额占225强营业总额的份额也只有14.1%和15%。从总的格局来看，国际建筑市场呈现明显的金字塔结构。其中，发达国家的知名跨国承包商始终居于金字塔的顶端，发展中国家的建筑企业总体上仍处于金字塔的下端，居于金字塔上端的20%的企业，掌握着大约80%的市场份额和收益，而居于金字塔中部和底部的80%的企业，却只掌握20%的市场份额和收益，符合20-80原则。近年来，国际建筑市场的竞争结构正在发生变化，但20-80原则的基本局面并没发生根本的变化。2005年，美国、欧洲和日本的国外营业额之和占225强营业总额的比率上升到87.9%（ENR，Aug.21-28，2006）。

中国建筑企业跻身225强的公司数量和营业额在逐年增加。从表4-1可以看出，中国承包商的国外营业额，1998年比1997年增长了15%，有30家企业进入225强国际承包商行列，但是30家企业的营业额只占225家市场总额的4.3%。1998年全球最大的3家承包商的任何一家的营业额都超过中国30家的总营业额50.29亿美元，美国BECHTEL公司的营业额是60.2亿美元，美国FLUOR公司的营业额是53.4亿美元，法国BOUYGUES公司的营业额是52.8亿美元。2000年，全球最大225家国际承包商中，总营业额排名前十位的公司，中国没有一家公司入围。中国35家入围企业总的国外营业额是53.84亿美元，仅为排列第一名的德国HOCHTIEFAG公司的二分之一。

2005年，中国有46家企业进入225强国际承包商行列，其总营业额为100.07亿美元，首次突破100亿大关。中国企业的国际市场份额逐渐增加，国际竞争力有所增强。但是，经过20年的努力，中国占国际建筑市场总营业额的份额仅提高了2个百分点（见表3），其总体实力和规模还无法与发达国家相提并论。德国、法国、英国和西班牙分别只有6、9、7和8家承包商进入225强，但他们的国际市场份额分别为11.5%、15.3%、6.7%、6.6%。亚洲的日本有17家承包商进入225强，其市场份额为8.5%。2005年，中国企业营业额最大的是中国建筑工程总公司，其国外营业额为20.76亿美元，而同期排名前三位的德国HOCHTIEFAG公司、瑞典SKANSKAAB公司和法国VINCI公司的国外营业额分别为147亿美元、119亿美元和102.7亿美元。这三家公司的国外营业额仍超过中国46家企业国外营业额的总和，分别为中国建筑工程总公司的7.0倍、5.7倍和4.9倍。可见，不论是国外营业额还是市场份额，中国建筑公司都无法与国际建筑巨头相抗衡。ENR的统计数据说明，中国国际工程的发展，主要还是靠量的扩张，尚未实现质的飞跃。中国建筑工程贸易的竞争力与发达国家相比还有较大差距，中国由建筑大国发展到建筑强国还有很长的路要走。

3 国际建筑市场的竞争力分析

在市场竞争日益激烈的压力下，国际知名建筑企业为保持和提升自己的竞争力，在联合重组的同时，还在企业的战略、管理和技术等方面进行了不懈的努力，并一定程度上促使国际建筑市场的竞争特点出现新的变化。中国承包商应关注这些变化，为提升自己的国际竞争力，寻求质的突破和新的发展。

3.1 从系统承包到全方位的价值链创新

近年来，国际建筑市场最流行的竞争模式是以各种"交钥匙"工程为代表的系统承包，这种经营方式将企业的利润从单一的施工环节扩展到从设计、施工，到工程的总体设置和实现的全部过程，越来越多的企业形成了建设项目的总承包能力和全方位的价值链创新。国际工程承包中广泛流行的EPC和BOT模式等，就是这种价值链创新的重要成果。这些模式的项目责任单一，交付工期短且质量可靠，这些显著的优点要比其所带来的任何附加风险更为重要。系统承包模式可以充分发挥设计在项目建设中的主导作用，实现项目的内部协调与沟通，有效克服设计、采购和施工相互制约和脱节的矛盾，可以应用TQM进行过程管理，确保在项目实施中，不同分部工程、不同专业和不同工作流程在技术标准和规范等方面的协调统一，合理衔接，有利于实现项目的价值。全方位的价值链创新的实质是将企业置于一个超出竞争对手的大环境，将企业的客户、供应商、金融机构，以至于客户的客户都纳入企业的大经

表3 进入ENR 255强的中国承包商的国外营业额及市场份额

年份	进入公司数量	国外营业额（亿美元）	所占比例（%）
1996	27	40.61	3.2
1997	26	40.80	3.7
1998	30	50.29	4.3
2000	35	53.84	4.6
2004	49	88.30	5.3
2005	46	100.07	5.3

资料来源：各期ENR

营框架，通过企业自身价值链与这些密切相关的外部载体的价值链更有效的耦合，创造新的价值，形成新条件下竞争力的核心基础。国际知名的承包商，凭借先进的管理模式、雄厚的技术实力和强大的融资能力，形成自己的核心竞争力，在大型基础设施项目和公共建设项目上，显示出强大的竞争优势。中国建筑业在战略上应跟踪这一新的发展趋势，着力发展工程的系统承包和全方位的价值链创新。中国建筑业面临的主要困难是，中国承包商已经习惯了传统建设模式（设计-招标-建造），习惯于施工承包和工程分包，这是中国建筑企业缺乏市场高端竞争力的主要原因之一。目前，中国工程承包的总体水平还不适应EPC项目等工程总承包的需要，缺少称职的总承包商。通过工程总承包，可以带动中国建筑企业由市场的低端竞争(施工承包和劳务分包)转入高端竞争(工程总承包)。

3.2 技术创新与资源共享

随着国际建筑市场竞争的日益加剧，业主(包括代表国家、地主政府和国有企业投资的业主以及私有企业、私人投资的业主)对建筑业的要求和期望越来越高，希望建筑产品的成本逐步降低、质量逐步提高、建筑产品的不确定性不断降低。这些要求不仅促进了建筑业和建筑市场的发展，也使得快速建立系统承包能力的企业获得了竞争的有利地位。为了提高竞争能力，特别是扩展在世界各地承揽工程的地缘优势，越来越多的承包商开始走合作经营的道路，跨国兼并活动不断增多，国际建筑市场的集中程度不断提高。这种发展趋势对后来居上的发展中国家的建筑企业，正在提出新的挑战。Partnering(合伙制)模式是上世纪80年代末在美国发展起来的一种新的建设模式。Partnering模式是指，业主与项目参与各方之间为了取得最大的资源效益，在相互信任、资源共享的基础上达成的一种短期或长期的协定。例如，国际上的一些业主与大型制造商，有比较固定的合作关系，在一些涉及专有生产技术的项目上，这些制造商被业主选为特定的供应商。Partnering模式突破了传统的组织界限，在充分考虑各方利益的基础上，通过确定共同的项目目标，培育相互合作的良好工作关系，共同解决项目中的问题，共同分担风险，以确保在实现项目目标的同时，保证项目参与各方目标和利益的实现，并及时沟通信息，降低争议和索赔的发生。相对于传统的承包模式，Partnering模式对业主在投资、进度、质量控制方面具有显著的优越性，同时还改善了项目的环境和项目各方的关系，显著提高了项目的价值。Partnering模式有着良好的应用前景，经过十多年的实践，已在美国、欧洲、澳大利亚、新加坡、香港等地的项目建设中获得理想的效果。

长期以来，由于受计划经济体制的影响，中国建筑企业的组织结构不合理，综合竞争能力普遍低于国外同行的水平。中国建筑企业结构性的问题一直没有解决，市场集中度和产业进入壁垒过低，建筑企业大的不强，小的不专，竞争力薄弱。为了改变这种局面，中国建筑企业也在尝试强强联合，例如，中国道桥公司和中国港湾工程公司合并为中国交通公司。新组建或转型的工程管理公司和工程总承包公司既要作大，更要作强，实现包括设计、采购与施工等在内的强强联合重组，采用系统承包模式承揽工程，促进自己核心竞争力的形成，尤其要提高项目的融资能力，包括选择合适的融资结构，降低融资风险和融资成本。

3.3 信息技术与现代管理的融合

近10年来，信息技术与现代管理手段的快速发展以及这两方面的互相促进和融合，促进国际建筑业的管理方式发生了重要变化。现代信息技术的广泛应用，使企业管理过程中的信息流能够以快捷和低成本的方式进行传递，极大地减小管理成本，同时提高管理效率。在现代信息技术的推动下，企业的组织结构开始出现扁平化的趋势，管理跨度有所增加。其结果是缩短了企业的管理流程，缩短了企业与市场之间的距离，为企业在全球范围的快速发展创造了良好的条件。在国际工程承包领域，大型跨国公司运用信息技术和现代化管理手段，能以更高的效率和更低的成本实现全球资源的配置，促进全球建筑市场一体化的发展，从而增强在国际建筑市场的竞争力。随着建筑业国际化程度的不断提高，日益激烈的国际竞争也对建筑企业的管理提出了更高的要求，从而推动企业不断引进和吸收新的管理技术。因此，信息技术和现代管理手段已经成为建筑企业国际竞争力的一个重要方面。

参考文献：

[1]Richard F., Development of international construction market, Bath University, UK, 1999.

[2]Latham, M. (1994), Constructing the Team, Final Report of the Joint Government /Industry, Review of Procurement and Contractual Arrangements in the UK Construction [M], HMSO, Publication Center, London, 1998, 36-38.

[3]赵同良,李亚琴,李启明.2004年度国际市场最大225家承包商市场分析[J].建筑经济.2005,(11).

[4]阎长俊.BOT模式与建设项目采购方式的变革[J].中国软科学,2001(11), 62-67.

工程结算管理

"二十字方针"管理模式的探讨

姜兴国[1], 张 尚[2]

(1.苏州科技学院兼职教授、高级工程师;2.苏州科技学院讲师,江苏 苏州 215011)

摘 要:工程结算管理是工程造价管理中的一项核心工作,是工程项目能否产生效益的关键环节。工程结算管理不仅仅是造价管理人员业务素质高低的问题,还能够从整体上反映企业管理水平的高低以及管理流程的设计是否科学合理。笔者根据在施工企业多年的管理经验,总结出本文所提出的施工企业工程结算管理的"二十字方针"管理模式,即"先算后干、边干边算、边干边结、干完算完、算完结完",供大家探讨。

关键词:工程结算;索赔;风险

一、引起工程结算纠纷的主要原因

建设工程价款结算,简称"工程价款结算",是指对建设工程的发承包合同价款进行约定和依据合同约定进行工程预付款、工程进度款、工程竣工价款结算的活动。本文中简称"工程结算"。工程结算可以分为工程进度款结算和工程竣工结算。其中,工程进度款结算的方式为按月结算与支付和分段结算与支付;而工程竣工结算分为单位工程竣工结算、单项工程竣工结算和建设项目竣工总结算(财政部建设部:关于印发《建设工程价款结算暂行办法》的通知财建[2004]369号)。

对工程施工企业来说,工程造价管理的主要目标是控制成本、实现利润,而工程结算管理是实现利润的重要方面。近年来的统计表明,由工程结算引起的工程纠纷呈陡升趋势,成为建设工程纠纷的主要类型。工程结算难、拖而未决、算而不结等现象十分严重,极大地损害了承包商的利益,给施工企业的经营管理带来了很大的困难。经过分析,引起工程结算纠纷的主要原因有以下几个方面:

1.业主支付方面的问题。在很多情况下,由于业主资信差、要求苛刻、资金紧张等原因,不按照合同支付工程款,致使工程款"算而不结",承包商不能按时获得工程款。还有一些业主有意识拖欠工程款,作为降低资金压力、增加盈利水平的一种途径。主要表现在不及时支付进度款、工程项目竣工后不办理竣工结算手续以及长期拖欠施工企业的工程尾款等方面。

2.工程建设资料方面的问题。工程建设资料的不完整或缺陷给双方结算增加了难度,例如有的工程为了赶进度没有完整的工程技术资料就仓促开工;有的工程招标文件的内容有矛盾;有的工程合同中价格支付条件不具体等。这样常会在履约过程中产生分歧,致使结算工作无法进行。

3. 承包商不按规定办理工程变更和现场签证,造成工程结算无法进行。例如没有按照规定的时间进行工程量确认,现场签证的手续不齐备等。

4. 工程竣工结算过程中,由于施工企业没有及时、完整地提供建设工程资料,致使工程竣工结算无法进行。

5. 施工企业索赔意识差。施工中发生索赔事件,施工企业没有按合同规定的时限办理相应的索赔,而在工程竣工结算时才向业主提出索赔要求。

在实际工程中,引起工程结算纠纷的原因多种多样,而多以业主支付和承包商结算管理方面产生问题为主。承包商要避免这些工程结算方面纠纷的产生,就要科学地进行工程结算管理。

二、工程结算管理的"二十字方针"管理模式的主要理念及内容

施工企业在工程结算管理中,往往非常注重履约阶段的结算管理,即工程进度款结算管理和工程竣工结算管理。但是,从上述引起工程结算纠纷的原因来看,很多问题是在项目的招投标阶段、合同签订阶段产生的,只是在工程结算过程中才暴露出来,而往往是这些问题导致了施工企业的难以获得工程结算款;另一方面,很多施工企业认为工程结算仅仅是工程造价管理人员"计算"的事情,其实,如果没有招投标人员、造价合约人员、现场技术人员等紧密合作、系统管理,工程结算也很难顺利进行、很难创造更好的经济效益。因此,对于工程施工企业来说,工程结算管理也必须建立"全过程管理、全员管理"的"全面结算管理"理念。在本文所探讨的关于工程结算管理的"二十字方针"中,一方面就反映了工程结算的"全过程管理"理念,即注重工程项目的投标决策阶段、履约实施阶段和竣工结算阶段的"全过程结算管理";另一方面也反映了"全员管理"理念,即工程结算的顺利进行依靠公司人员和项目部人员、投标人员和造价合约人员、管理人员和普通技术人员等共同努力。

工程结算管理的"二十字方针"内容是:"先算后干、边干边算、边干边结、干完算完、算完结完",包含了"先算后干"(履约前阶段)、"边干边算"和"边干边结"(工程进度款结算阶段)以及"干完算完"和"算完结完"(工程竣工结算阶段)"三个环节、五个方面"的内容。现将工程结算管理的"二十字方针"管理模式的主要内容分述如下。

1."先算后干"

"先算后干"主要是指在投标决策阶段对工程项目的执行情况进行预测分析,根据预测分析的结果决定是否投标以及将采取的投标报价策略,强调的是工程结算管理中的"预控"管理。因为这阶段所作出的决策将在很大程度上决定了项目是盈利还是亏损。所以,这里的"算"并不仅仅指简单的计算投标价的过程,而是包含了两个方面的内容:第一是根据招标项目的基本特征,运用风险管理的基本理论,辨析项目的风险因素并估算这些风险因素影响的大小;第二是根据招标中的技术文件(主要为图纸、技术规程和工程量清单等资料文件)的要求计算报价的大小。若通过第一方面的风险计算,风险处于公司可控范围之内、可以带来合理利润,则在投标报价时,将"风险"所产生的项目成本加到第二方面计算所得的工程报价中,再根据公司的报价策略确定最终的投标价。这里应考虑的风险因素主要包括:业主资信状况、工程技术特性、合同条件特别是支付条件、承发包方式等。"先算后干"在具体执行中可分为三个层次:

(1)在投标过程中,不论采取哪种投标报价策略,先要重点了解业主的资信情况(特别是业主以前对承包商的支付情况);产权结构;项目的工程技术特性等;并进行项目风险分析后决策是否放弃或继续跟踪、投标。

(2)在投标过程中,要根据招标文件的规定和投标时的市场价格及本企业的实际水平计算出该项目的实际建造成本,然后再根据项目的具体情况增加各项利润和费用以及风险成本,特别应防止在投标时粗估冒算、漏算、错算的情况发生。

(3)对于很多大型施工企业来说,项目中标后还要根据项目的具体情况,认真做好标价分离(或叫价本分离)工作,包括竞争选拔项目经理,优化施工组织设计方案,确定合理的、合法的、有一定的施工能力的施工劳务队伍,根据市场价格的比选确定材料及周转工具等的价格。在此基础上确定项目的责任成本,确保项目的成本降低率,实现项目的利润指标。

很多施工企业没有将此阶段的决策过程纳入到工程结算管理的"全过程"中,结果在项目履约实施阶段"计算"再"精细化"也很难避免亏损的结局。"先算后干"的主要目的就是为避免此种风险发生的"预控"决策过程。例如,对于要求垫资施工、延期支付的项目,投标时增加这部分风险对成本的影响,以确保项目的正常利润。此外,还应注重将此阶段的分析结果反映到项目履约实施过程中,作为指导项目实施的

一个重要影响因素。

2."边干边算"和"边干边结"

在项目履约实施阶段，施工企业的工程结算管理的重点在于两个方面：内部造价"计算"的同步性，即"边干边算"，以及跟业主"结算"工程款的及时性，即"边干边结"。

"边干边算"指的是：

（1）在施工过程中，造价合约人员和相关的工程技术人员要根据施工图纸和规范以及合同所约定的工程承包范围和对工程的设计变更、工序改变、材料代用、工期调整、质量标准调整等，随发生随计算、及时确认，并随月计算报量。

（2）根据工程合同的规定和计价标准，项目分部、分段、分系统完成一部分工程量要及时计算完一部分工程量。并要根据相关要求和规定保留好计算依据，为中间计量、月进度付款凭证和工程结算做好准备。

（3）如发生工程停工、缓建，不可预见的损失、自然灾害以及合同以外的损失，违约造成的损失，工程各种签证及索赔，要根据相关法律法规的规定和双方的约定在一定时效内及时计算、及时确认、及时上报。

"边干边结"指的是：

（1）在施工过程中应注重从各个方面为工程结算作好准备，没有好的过程管理，工程进度款结算和工程竣工结算都会产生难度。

（2）对工程项目的规模较大、政府工程项目或政府代建制的项目以及竣工后要进行审价或审计的项目，一定要按工程的分部、分项、分系统、分专业、分结构等及时进行结算并同期准备完整的结算资料。只有这样承包商才能保证工程竣工后在合同规定的时间内报出完整的结算资料，才能够满足审计的要求。

（3）如果按工程的分部、分项进行结算或进行中间结算，一定要把该部分的签证、变更和索赔等发生的费用同期纳入该部分进行结算。该部分的结算一定要按合同要求和相关约定由甲乙双方和监理单位或审计单位办理签认手续。

承包商获得工程款支付是从事工程承包最基本的权利。所以，关于工程款的申请和支付的详细要求和程序在国内外的工程示范文本中都作出了详细的规定。由于我国的工程承包业还不够发达、以及示范文本的非强制性质，在工程实践中，承包商该项权利的规定在工程合同中常被业主修改或没有得到很好的履行，因此常常产生工程结算的纠纷。为此，我国2004年出台了《最高人民法院关于审理建设工程施工合同纠纷案件适用法律问题的解释》（法释[2004]14号）和（关于印发《建设工程价款结算暂行办法》的通知，财政部建设部，2004年10月20日，财建[2004]369号）两个文件，从一定程度上对承包商的该项权益进行了强制性的规定。下表列出了这些文件中关于工程进度款结算的相关规定。

从表1可以看出，这些规定都十分强调承包商应及时准备有说服力的完整工程结算资料，即时效性和完整性是顺利获得工程支付的前提条件。但是，在实际工程中，很多承包商由于不能及时地提供非常有说服力的证明性文件和技术资料，例如工程量确认记录、工程变更令、现场签证等，工程进度款结

表1 关于工程进度款结算的相关规定

序号	文件名称	具体规定（承包商的规定）	具体规定（业主审查、支付的规定）
1	《最高人民法院关于审理建设工程施工合同纠纷案件适用法律问题的解释》（法释[2004]14号）	第十九条：当事人对工程量有争议的，按照施工过程中形成的签证等书面文件确认。承包人能够证明发包人同意其施工，但未能提供签证文件证明工程量发生的，可以按照当事人提供的其他证据确认实际发生的工程量。	
2	关于印发《建设工程价款结算暂行办法》的通知，财政部 建设部，2004年10月20日，财建[2004]369号	第十三条：承包人应当按照合同约定的方法和时间，向发包人提交已完工程量的报告。发包人接到报告后14天内核实已完工程量……发包人收到承包人报告后14天内未核实完工程量，从第15天起，承包人报告的工程量即视为被确认，作为工程价款支付的依据。	第十三条：发包人收到承包人报告后14天内未核实完工程量，从第15天起，承包人报告的工程量即视为被确认，作为工程价款支付的依据。
3	《建设工程施工合同》（示范文本，1999版）	25.1：承包人应按专用条款约定的时间，向工程师提交已完工程量的报告。	25.1：工程师接到报告后7天内按设计图纸核实已完工程量。 26.1：在确认计量结果后14天内，发包人应向承包人支付工程款（进度款）。
4	1999版FIDIC"红皮书"	14.3款（进度付款证书的申请）：承包商应在每个月末后，向工程师提交报表，详细说明承包商自己认为应得的款额，以及包含进度报告在内的证明文件。	14.6（其中付款证书的颁发）：工程师应该在"28天内"签发进度支付证书； 14.7（付款）：业主应该在收到承包商报表和证明文件的"56天内"付款。

说明：上述表格中的规定在本文中进行了节略，详细的规定参照原文。

表 2 关于工程竣工结算的相关规定

序号	文件名称	具体规定(承包商的规定)	具体规定(业主审查、支付的规定)
1	《最高人民法院关于审理建设工程施工合同纠纷案件适用法律问题的解释》(法释[2004]14号)		第二十条:当事人约定,发包人收到竣工结算文件后,在约定期限内不予答复,视为认可竣工结算文件的,按照约定处理。承包人请求按照竣工结算文件结算工程价款的,应予支持。
2	关于印发《建设工程价款结算暂行办法》的通知,财政部 建设部,2004年10月20日,财建[2004]369号	第十四条:承包人应在合同约定期限内完成项目竣工结算编制工作,未在规定期限内完成的并且提不出正当理由延期的,责任自负。	第十四条:单项工程竣工后,发包人应按规定时限进行核对(审查)并提出审查意见(详细时限参见原规定)。建设项目竣工总结算在最后一个单项工程竣工结算审查确认后15天内汇总,送发包人后30天内审查完成。
3	《建设工程施工合同》(示范文本,1999版)	32.1:工程具备竣工验收条件,承包人按国家工程竣工验收有关规定,向发包人提供完整竣工资料及竣工验收报告。	33.1 工程竣工验收报告经发包人认可后28天内,承包人向发包人递交竣工结算报告及完整的结算资料。33.2 发包人收到承包人递交的竣工结算报告及结算资料后28天内进行核实,给予确认或者提出修改意见。
4	1999版 FIDIC"红皮书"	14.11(最终付款证书的申请):承包商在收到履约证书的后56天内,向工程师递交最终报表草案,最终报表草案经工程师审核同意后,承包商再次提交作为最终报表。	14.13(最终付款证书的颁发):工程师在28天内签发最终支付证书;14.7(付款):业主收到最终付款证书之后的56天内付款。

说明:上述表格中的规定在本文中进行了节略,详细的规定参照原文。

算产生了"拖而不决"的问题。所以,只有"边干边算",同时保持好同期记录,才能做到"边干边结"。

同时,针对当前国内发生的很多工程结算纠纷,我们也可以发现,由于承包商处于弱势地位,仅用上述三个文件很难全面地保护其获得业主支付的权益,我国的相关规章制度还应在这方面予以进一步的完善。

3."干完算完"和"算完结完"

"干完算完"和"算完结完"主要是针对工程竣工结算环节。

"干完算完"指的是:按合同的规定或双方通过友好协商重新签订的协议的要求,提前编制好工程结算方案,按工作业务流程审核完毕后,交付工程的同时将工程结算资料一并报送业主审核。因此,工程干完结算就要算完。

"算完结完"指的是:工程结算计算完成后一定要认真核对、反复检查,收集整理结算证据资料。积极配合审价或审计单位的工作,并要根据合同和相关法律法规的规定,注重审价或审计的时效,一旦发现有业主违约行为要立即采取相应的措施,以确保施工企业的权利不受伤害。

与工程进度款结算相似,这些文件中关于工程竣工结算的相关规定如表2所示。

从表2可以看出,与1999版FIDIC"红皮书"中关于竣工结算的时效性要求相比,国内《建设工程施工合同》对时效性的要求更高。例如,前者提交最终报表草案的时间为56天,而后者要求递交竣工结算报告及完整的结算资料的时间为28天。在国内很多大型工程、复杂工程和变更多的工程中,由于工程进度款结算的基础工作没有做好,承包商常常很难满足这个时效要求,被业主视为违约而很难获得竣工结算款,或双方产生争端。所以,承包商应重视工程结算的"过程管理",为竣工结算的顺利进行创造条件。

三、结束语

施工企业的工程结算管理是一个系统性工作,要求在工程项目的"全过程"中有"全员"的积极参与和配合,才能实现项目的利润目标。工程结算管理的"二十字方针"管理模式是我们工程施工企业在工程结算管理的实践中总结出来的基本方法。近年来,通过实施"二十字方针"进行工程结算管理、抓住工程结算管理的"三个环节、五个方面",我们施工企业不仅降低了项目风险,加快了资金周转,增加了效益,也增强了履约能力,规范了项目管理。

参考文献:

[1]《国际工程合同与合同管理》,何伯森主编,中国建筑工业出版社,1999年9月,第一版。

[2]《菲迪克(FIDIC)合同条件》(施工合同条件),中国建筑工业出版社,1999版。

[3]《建设工程施工合同》(示范文本),1999版。

[4]财政部建设部:关于印发《建设工程价款结算暂行办法》的通知财建[2004]369号。

[5]最高人民法院关于审理建设工程施工合同纠纷案件适用法律问题的解释(2004年9月29日最高人民法院审判委员会第1327次会议通过),法释(2004)14号。

建造师是什么类型的人才

◆ 王铭三

(中国铁道工程建设协会,北京 100844)

1987年,推广"鲁布革经验"推行"项目法施工"的初期,我们曾通过试点企业的实践探索,对项目经理的人才类型进行了一系列的研究。

首先,我们根据项目经理代表企业对工程项目进行全面全过程管理的特点,认识到项目经理已不能再套用过去那些"行政领导"、"工程技术人员"、"专业管理人员"等旧概念,而应该是兼有各种工程项目管理技能的新型人才。然后,又对在"项目法施工"中取得成绩的优秀项目经理进行了分析,发现他们在担任项目经理以前,都已经具有了一些专业管理的经验,在担任项目经理以后,又在管理实践中补充学习了相关专业管理的知识。经过多次研究讨论,最后明确为项目经理应该"一专多能",并分别表述知识结构为"T型知识结构",人才类型为"复合型人才"。

后来,我们又将"一专多能"进行了具体化,即"懂技术、会管理、善经营、能核算",成为项目经理的"四项基本功"。

再后来,我们在编写《建设工程项目管理规范》时,将项目经理应具备的素质概括为符合施工项目管理要求的能力,相应的施工项目管理经验和业绩,承担施工项目管理任务的专业技术、管理、经济和法律、法规知识,良好的道德品质。这些素质条件表现在四个方面,一是能力,指包括沟通能力、协调能力、以及人格魅力等的综合能力;二是经验和业绩,指做过什么和做成过什么;三是知识结构,在原"四项基本功"的基础上又增加了法律、法规知识,这是社会走向法制的必然要求;四是道德品质,这是各行、各业、各个岗位的共同要求。

通过10多年来对项目经理的岗前培训、继续教育、资质管理,我们发现,项目经理的知识面拓宽了,知识层次升级了。但遗憾的是,工程项目的管理水平和经济效益还没有得到很大的改观,广种薄收的粗放经营现象还普遍存在。

在调研中我们发现,与过去行政建制的领导人和指挥长相比,项目经理拓宽了知识面,具备了项目管理的各种知识和技能,但在实际应用时,却没有把这些知识和技巧融为一体,形成综合能力。因此,现在许多的项目管理,走的仍然是行政建制管理的老路,项目上各项管理的名称虽然变了,但行政管理的实质没有变,项目经理部虽然组成为一个团队,但这个团队却没有共同的目标,还是敲锣卖糖各干一行,缺乏一个连接各专业管理的链条。

问题出在哪里呢?这使我回想起一件被忽略了的往事,大约是在1968年底到1987年初,日本大成公司鲁布革事务所的所长,就鲁布革工程管理局的一再问询,谈了他对中国工程项目管理的一点看法。其大意是中国的大学生与日本的大学生相比,在毕业之后的几年里,中国大学生的能力水平明显高于日本大学生,这是因为中国的教育,在中学阶段反复学习基础知识,基本功很厚实。三年以后,他们就平起平坐了,五年以后中国的大学生就明显不如日本大学生了。我不明白,你们为什么把核算交给了那个既不懂工程又不管工程的会计?会计是不会核算的,他只会算账。"

鲁布革事务所所长的这段话,得到了当时中央领导人的肯定,并批示要求大家认真讨论。经过近二十年的实践和反思,我对这段话有了更深刻的理解。

这段话的核心,就是把"核算"和"算账"分为两个不同的概念,而我们常常不经意地把它们混淆起来,错把"算账"当成了"核算"。

譬如,我们要搞一次聚餐。第一步就是搞个预算,以确定参加聚餐的人数,确定聚餐费用的上下限;第二步是采买,在采买中既要计较食物的数量和质量,也要关注食物的价格,以控制费用不超出预算。所以,采买的过程包含着核算;第三步是制作,在制作过程中不仅要注意菜肴的色、香、味、型,也还要关注制作所涉及的成本,至少清蒸就比煎炸要少用油,这里仍然包含着核算;第四步是决算,聚餐结束以后,各种费用已经形成了结果,只要把各项结果汇总在一起,这次聚餐花费了多少就一清二楚了,只要与预算做一个简单的对比,就可以知道是否超出了预算,这个过程就是"决算",也叫"算帐"。

工程项目的施工管理也是一样,项目经理的第一步就是对工程项目进行预算,以明确这个项目的施工成本,并与中标合同价、项目管理责任书的责任价对比,以明确项目的盈亏额度和管理的难易程度;第二步是采买,包括材料的购买、机械设备的租赁、工程分包和劳务分包的确定等,在这个过程中,如果项目经理和管理人员忽视了价格问题,就会因不必要的多投入而加大了成本;

第三步是施工生产,包括施工方案的设计和实施,在设计中要进行多种方案的对比,在保证安全、质量、工期的前提下,选出成本最低的方案,有时还要进行降低成本的方案优化,以将成本降至最低限;第四步是结算,也就是算总账。

所谓"核算"就是"核计"和"算计",在"采买"和"施工"阶段,一定要把核算蕴含在其中。如果参与项目管理的每一个人都不对自己的行为事先核计一下,等行为完成,耗费已成定局,就一切都为时已晚了。所以,每一个项目管理人员,都应该清楚地了解每一颗铁钉的价格是多少,每一度电多少钱,每一个工时要支出多少费用,只有明确了,才不会大手大脚。

算账,是把已经发生的账目进行计算,财务的算账是以法律(会计的法则)为准绳,以票据为依据,是最精确、最具权威的统计计算,是必不可少的一道工序。但是从管理的角度看,财务所提供的数据,都是在事实发生之后,既使是发现了错误,也没有了改正的余地。所以,千万不能用事后的"算账"代替事先的"核算"。在项目管理过程中,不仅是核算,还包括法律观念、经营意识、思想工作,都要贯穿于各项业务管理之中,在每做一件事之前都要问自己,这样做合算吗?违法吗?对经营有利吗?做相关人员的思想工作了吗?只有这样,项目管理的水平才能不断提高,项目管理的效益才能不断增大,项目管理团队才能有了共同的目标。

"复合型人才"是多才多艺型的人才,就像文艺界常说的"多栖演员",又能跳舞又会演戏,吹拉弹唱样样通,足登三界,手抓五行。这样的演员,虽然可以从事若干专业,但如果他不能把把各种技能融会贯通,形成一种综合素质,那么他就永远不能上升到艺术大师的境地,只不过是个文艺的蜈蚣,占的地方多而已。

"综合型人才"则是在多才多艺的基础上,把各种才能融合在一起,提高了才能的品位,提升了才能的档次。综合才能就像是用多种原料和佐料煲的汤,在每一匙汤里,都有各种原料和佐料的元素,呈现的是融合各种香位的鲜美。而不似凉拌那样,萝卜还是萝卜,白菜还是白菜。

因此,从事项目管理的项目经理和建造师,应该是"综合型人才",即把各种管理融合在一起,形成一种综合能力,不是在研究技术问题时只想技术,在研究采买时就只考虑采买,而是在每做一件事的时候,都要把安全、质量、工期、成本、法律、经营等各种因素综合在一起思考,拿出来的一定是一个综合分值最高的方案来。

征集建造师论文

如果你是还没通过建造师执业资格考试的建筑业从业人员,如果你在工作中有各种经验和体会,如果你要提升自己的专业素养,请参加我们"建造师论坛"的讨论吧!这是我们为建造师提供的建造师自己的交流平台,同时为满足建造师提升职称方面的需求,我们将为建造师结集出版论文集。欢迎踊跃参与。

投稿信箱:jzs_bjb@126.com

读张青林同志的新作有感

◆ 华一岩

日前,中国建筑出版社出版了张青林同志的一套新书《项目管理与建筑业》《经营管理与建筑业》《领导文明与建筑业》《企业文化与建筑业》,读后颇有收获。

张青林同志在政府部门和中建总公司担任领导职务20多年,长期从事国有建筑施工企业改革与管理经营和思想政治工作,尤其是对国有企业所走过的艰难曲折、波澜壮阔的改革历程,有其独特的感受和认识。

或许是这些年对企业文化关注的更多一点,笔者首先把《企业文化与建筑业》认真地通读了一遍。读过之后,感慨良多,心想:"假如我还能回到建筑企业,到生产一线当一个支部书记,或工长,或项目经理之类,有这本书在手,做人的工作,做思想工作,就更有谱了。"

当然,笔者不可能再回生产一线了。所以就想把自己读这本书的一点感受,告诉正在企业基层工作的年轻同志。

对于企业基层工作的同志来说,这本书好就好在它理论联系实际。首先,这本书有相当的理论深度和思想深度。在介绍一些基本理论知识的同时,作者结合国内外知名企业特别是中建总公司企业文化建设工作的实践,使读者对相关理论有了更加生动、具体而深入的理解。例如作者在书中说:我在中建企业文化研究中提出了八个字的表述,即"外朔形象,内练素质"。"外朔形象"是显性文化,是企业文化的表层;"内练素质"是隐性文化,处在文化结构的中层和深层。"外朔形象,内练素质"成为中建企业文化的纵览,赢得了社会的关注,扩大了市场影响力、吸引力,不断深化了企业内在的价值观念、经营理念、职业道德方面的"素质"锻炼,又创新了"推出形象,拉回市场",为企业开拓了为市场服务的企业文化新内涵。

对于企业基层工作的同志来说,这本书好就好在提供了具体的工作思路、方法和范例。例如我们在书中,可以看到"建筑企业形象策划";看到"建筑企业文化建设三步曲";看到"中建总公司CI战略实践的全过程";看到"项目文化的起始和演进";看到"品牌建设的三个要点";看到"中建总公司理念规范手册和员工行为手册"。我想,即使是没有多少企业基层工作经验的同志,读了这些基本理论,看了这些生动介绍,都会对相关的工作有了具体的初步的了解,产生要尝试和实践的热情和冲动。而且,很多问题作者在书中只是提出了课题,拉出了框架,需要基层的同志在工作中去回答、充实、创新和实践,把我国的企业文化建设工作提高到一个新的阶段。

对于企业基层工作的同志来说,这本书好就好在他对我们党的思想政治工作有了一次具体的、生动的、非常典型的讲解。我们不能不承认,近些年来,思想政治工作在我们一些企业大为削弱,其中的原因是多方面的。有人说,现在讲国际化了,讲企业文化了,讲CI战略了,讲形象工程了,思想政治工作那一套就都过时了。作者作为一个能够直接与美国GE公司CEO韦尔奇对话的国家级企业的领导,作为清华大学讲企业管理的客座教授,作为一个在建筑业奋斗了一辈子的思想政治工作者,在书中通过他的工作实践,告诉我们,思想政治工作如何与时俱进,如何适应国际化的需求,如何与新兴的企业文化相结合。同时对上述说法,给予了相当中肯的、有说服力的回答,应该说是切中时弊的。

认真读一读这本书,对于企业基层工作的同志来说,应该是有所启示的。

建设部政策研究中心建筑业管理研究处处长李德全谈：

《中国建筑业改革与发展研究报告(2006)》

安 华

《中国建筑业改革与发展研究报告(2006)》日前由中国建筑工业出版社出版。该书由建设部工程质量安全监督与行业发展司与建设部政策研究中心组织，围绕"支柱产业作用与转型发展新战略"这一主题进行编写。具体内容包括综合篇、对外承包篇、产业地位篇和9个相关附件。

在谈到《中国建筑业改革与发展研究报告(2006)》编写过程时，该书统稿人、建设部政策研究中心建筑业管理研究处处长李德全说，这个报告建设部非常重视。建设部副部长黄卫亲自担任编委会主任。建设部建筑行业主管部门的领导、中国建筑业协会以及建设部政策研究中心的领导担任编委会的副主任。编委会成员由全国50多位有影响的领导、专家和企业家组成。

李德全说，这项工作从2003年就开始启动了。2004年出了中国建筑业改革与发展报告是第一本书，但当时没有正式出版发行。2005年按照黄部长的要求，由中国建筑工业出版社正式出版发行，出版之后也挂到了有关网站上，因为这本书的制作编写，就是为了指导行业的发展，因此都是以公共信息的形式为企业提供服务。

2006年的《中国建筑业改革与发展研究报告》内容的第一部分为综合篇，该篇包括：一、宏观形势与政策环境；二、产业规模与效益；三、组织结构高速升级；四、现代产权制度改革；五、国际市场开拓；六、建筑市场；七、建设工程质量；八、建筑工程安全；九、保护农民工权益，提高建筑劳务队伍素质；十、建筑节能；十一、科技进步和技术创新；十二、问题和对策。

第二部分为对外承包篇，该篇包括：一、2005年我国对外承包工程发展概述；二、中国对外承包工程地区市场分析；三、国内、国际环境及行业发展趋势分析；四、我国对外承包工程行业面临的困难和问题；五、我国对外承包工程行业的发展目标与策略。

第三部分为地位作用篇，该篇包括：一、建筑业的界定及其支柱产业性质判断；二、建筑业支柱产业地位和作用的实证分析；三、中国建筑业的发展潜力和趋势；四、建筑业支柱产业地位的巩固：制度创新与和谐发展；五、主要结论与建议。

另外还有9个相关附件。

在谈到为什么编写该书时，李德全说：一是行业发展的需要。建筑业面临新的国际国内形势，面对国家发展战略的重大调整，建筑业如何转变发展观念、创新发展模式、提高发展质量，实现全面可协调的发展，是政府和企业都在关心和希望探索解答的问题。本书的编写，反映了行业发展的需要；二是政府职能转变的要求。行业发展，政府指导职能怎么体现？从行业的发展方向来进行研究和探索，为企业提供行业发展方向的指导，进行行业发展的战略统筹、规划、指导、协调，这些都是政府责无旁贷的职能；三是展示行业研究探索成果的需要；四是行业信息经验交流的需要。

李德全说，该书有这样几个特点，一是反映行业的发展变化，努力使这个报告具有动态性；二是反映行业的发展情况；三是反映行业的发展趋势；四是反映行业的发展经验；五是反映行业的最新的研究成果；六是反映行业的发展政策，反映政府主管部门最新的政策调整和政策思考。该书对于建筑业企业领导层及管理人员了解国际国内建筑行业宏观发展，确定企业定位等，都有重要的参考价值。

施工现场职业健康安全和环境管理应急预案及案例分析

【内容简介】 本书应用建筑安全、环境应急救援经验及其最新研究成果,突破我国传统建筑业安全、环境管理的窠臼,增加了安全、环境应急救援的技术需求、人体功效、心理活动及沟通协商等创新内容,通过对如何实施施工项目安全、环境应急管理的研究,有效降低施工工序风险,赋予未来建筑业安全、环境应急管理的趋势和预测,为引导中国建筑业安全、环境管理按国际标准运行提供了前瞻性思路。本书阐述了职业健康安全、环境应急准备与响应要求,明确了应急准备与响应的内容,应急预案编制、交底、培训、监测与改进、修订的要求等,并附24种工程类别、25个具体实施案例,对提高施工现场的职业健康安全、环境应急救援有效性,具有很强的指导性、实用性和针对性。

【读者对象】 本书适用于建筑施工企业从事职业健康安全、环境工作的综合管理人员、施工技术人员;建筑施工企业推行职业健康安全、环境管理体系认证和内部审核人员;职业健康安全、环境管理体系咨询、认证机构从事建筑业咨询、认证审核人员。

【目　　录】 第一章　总则;第二章　建筑工程的管理特点;第三章　工程项目应急预案的编制;第四章　案例。

施建筑工程内业资料分解编制手册

【内容简介】 施工技术资料是建筑工程中的重要组成部分,是建筑工程进行竣工验收和竣工核定的必要条件,也是对工程进行检查、维护、管理、使用、改建和扩建的原始依据。本书将建筑工程资料和施工现场安全生产、文明施工内业资料按五部分进行了详细分析,即:施工资料管理、施工资料报验流程、工程技术资料管理、建设工程竣工验收备案及建筑工程安全生产内业资料。

【读者对象】 本书适用于施工单位、建设单位、监理部门、质检部门的工程技术人员。

【目　　录】 1　施工技术资料管理总则;2　施工技术资料管理流程;3　施工技术资料管理;4　附录;5　建设工程竣工验收备案;6　建筑安装工程安全生产内业资料。

施北京建工集团企业标准——建筑工程施工技术规程

【内容简介】 本书是北京建工集团编制的企业标准,内容包括:"建筑地基基础工程"、"混凝土结构工程"、"建筑电气工程"等12个部分工程的施工技术规程。全书以国家现行的施工验收规范为依据,结合北京市的施工经验,在保留、选用国标中有效、实用的内容基础上,补充了该企业施工实践中的新技术、新工艺和某些创新成果。

【读者对象】 本书可作为北京地区(扩)建工程指导施工技术、编制施工组织设计、确定施工方案的依据。也可供全国各施工企业借鉴、参考。

【目　　录】 建筑地基基础工程施工技术规程;砌体工程施工技术规程;混凝土结构工程施工技术规程;钢结构工程施工技术规程;建筑地面工程施工技术规程;地下防水工程施工技术规程;建筑装饰装修工程施工技术规程;建筑基坑支护工程施工技术规程;建筑给水、排水及采暖工程施工技术规程;通风与空调工程施工技术规程;建筑电气工程施工技术规程;电梯工程施工技术规程;参考文献。

建设工程质量监督人员培训教材丛书

建设工程质量监督培训教材（安装部分）

【内容简介】 本丛书共分土建部分、安装部分和法律法规、案例分析、附录部分三册。本册为安装部分，内容包括建筑安装工程质量监督基础知识、工程质量行为和工程质量实体监督。全书共分五章，分别是建筑给水排水及采暖工程、建筑电气工程、智能建筑工程、通风与空调工程和电梯工程。

【读者对象】 本丛书内容详尽，覆盖面广，是建设工程质量监督人员培训考核的依据，也可供各级建设工程质量监督人员继续教育学习时使用。

【目　　录】 第一章　建筑给水排水及采暖工程；第二章　建筑电气工程；第三章　智能建筑工程；第四章　通风与空调工程；第五章　电梯工程。

建设工程质量监督培训教材丛书

建设工程质量监督培训教材（土建部分）

【内容简介】 本册内容包括建筑安装工程质量监督基础知识、工程质量行为和工程质量实体监督。全书共分二篇，分别是工程质量监督基础知识（工程质量监督概述、工程建设基本程序、工程质量责任主体和有关机构、工程建设标准、勘察设计、工程质量检测、施工质量验收）和工程质量行为和实体质量监督（工程质量监督注册、工程质量监督工作方案及交底、工程质量行为监督、工程实体质量监督工程质量监督抽测、工程质量事故（问题）处理监督、工程质量验收监督、工程质量监督报告、工程质量投诉处理、工程质量监督的档案管理）。

【读者对象】 本丛书内容详尽，覆盖面广，是建设工程质量监督人员培训考核的依据，也可供各级建设工程质量监督人员继续教育学习时使用。

【目　　录】 第一篇　工程质量监督基础知识：第一章　工程质量监督概述；第二章　工程建设基本程序；第三章　工程建设责任主体和有关机构；第四章　工程建设标准；第五章　勘察设计；第六章　工程质量检测；第七章　施工质量验收。第二篇　工程质量行为与工程实体质量监督：第一章　工程质量监督注册；第二章　工程质量监督工作方案及交底；第三章　工程质量行为监督；第四章　工程实体质量监督；第五章　工程质量监督抽测；第六章　工程质量事故（问题）处理监督；第七章　工程质量验收监督；第八章　工程质量监督报告；第九章　工程质量投诉处理；第十章　工程质量监督的档案管理。

建设工程质量监督培训教材丛书

建设工程质量监督培训教材（法律法规、案例分析、附录部分）

【内容简介】 本册内容包括工程建设法律法规、工程质量监督案例分析和附录。全书共分三篇，分别是工程建设法律法规（行政许可与行政处罚、建筑市场管理、工程质量监督管理）、工程质量监督案例分析（建设工程市场行为案例、土建工程质量监督案例、市政工程质量监督案例、安装工程质量监督案例）和附录（法律、法规、规章、规范性文件）。

【读者对象】 本丛书内容详尽，覆盖面广，是建设工程质量监督人员培训考核的依据，也可供各级建设工程质量监督人员继续教育学习时使用。

【目　　录】 第一篇　工程建设法律法规：第一章　行政许可与行政处罚；第二章　建筑市场管理；第三章　工程质量监督管理。第二篇　工程质量监督案例分析：第一章　工程质量监督行为案例；第二章　土建工程质量监督案例；第三章　市政工程质量监督案例；第四章　安装工程质量监督案例。第三篇　附录：第一章　法律；第二章　法规；第三章　规章（部门规章）；第四章　规范性文件。

综合信息

《建造师》编委会会议在京召开

11月13日,《建造师》召开了2006年第二次编委会会议。编委会副主任清华大学江见鲸教授、建设部建筑市场管理司负责建造师执业制度工作的缪长江处长、部分编委及建设部建造师执业资格管理办公室的同志共24人参加。中国建筑工业出版社总编辑沈元勤主持。

会上,编委听取了编辑部关于一年来的工作情况及明年的工作计划的汇报,并就此展开了讨论。编委肯定了《建造师》一年工作的成果,并对明年的工作计划提出完善意见,会上审定了明年的主要工作方针及工作重点,确定了明年的主要工作部署。

编委会副主任缪长江在总结编发言时说,首要的问题是《建造师》的定位问题。目前的定位基本上可行,就是立足于应用和实践,以管理为主,兼顾学术和技术。今后我们就沿这个路子走下去。其次是目标问题。《建造师》的目标就是推进我国的建造师执业资格制度,为全国建造师学习、提高、信息交流建立一个平台。因此,在内容设置上涉及建造师工作的方方面面,根据不同时期的不同方面,突出不同重点。质量和文章是生存发展之本,不能都是阳春白雪,也要有下里巴人,要适应不同层次建造师的需要。《建造师》要办成具有明确的针对性、具体的实用性、鲜明的时代性,还要有专业性。这个专业性不是房建一家,而是建筑领域14个专业都包括起来。这样《建造师》就算办成功了。

沈元勤总编辑在最后的总结中说,感谢编委在百忙中参加我们的会议。《建造师》就是为推进我国的建造师执业资格制度,为全国建造师学习、提高、信息交流建立一个平台。今后我们要继续立足于应用和实践,以管理为主,兼顾学术和技术,沿着这个路子走下去。

第五届中国建筑企业高峰论坛在西安市召开

日前,第五届中国建筑企业高峰论坛在陕西省西安市举行。这届论坛的主题是"抓住战略机遇,打造国际品牌"。建设部副部长黄卫为论坛发来了贺信。陕西省政府副秘书长李明远代表省政府致词。国务院国资委研究中心主任王忠明、国家发展和改革委员会投资研究所所长张汉亚、中国社会科学院研究生院副院长李进峰、建设部政策研究中心建筑业研究处处长李德全就相关问题分别作了报告。

中国建筑企业高峰论坛自2001年创立以来,在建设部有关方面的领导下,已经连续四年为行业发展提供了大量并有活力的、前瞻性的议题和前沿的理念,形成了很大的影响力。发挥了联系企业与政府、企业与理论界、企业与企业之间的沟通和桥梁纽带作用。

黄卫副部长在贺信中说,中国建筑企业高峰论坛自2001年以来,已成功举办了四届。论坛对建筑企业的改革发展、制度创新、素质提升和增强社会影响力等一系列问题进行了深入的研讨和广泛的交流,在全国建筑企业中产生了较大的影响。

黄卫说,近年来我国建筑业的发展振奋人心,特别是近三四年建筑业更是保持了良好的发展势头。众多的建筑企业不断优化产业结构,健全管理机制,在社会上树立了良好的形象。作为国民经济的支柱产业,建筑业的进步和壮大无疑带动了相关产业,进一步推动我国国民经济的健康发展。但是我们也看到当前我国建筑业和工业建设管理机制还存在不少问题,例如现在市场体系发育不成熟,国有建筑企业改革需要进一步深化。建筑业资源、能源耗费大,技术进步比较缓慢,国际竞争力还不强,政府投资项目的建设化市场程度还不高,政府工程建设监管体制还有待于进一步完善等等。今年是我国"十一五"规划的开局之年,也是我国加入WTO五年过渡期的最后一年,希望中国建筑企业高峰论坛的各位与会代表们,利用此次难得的机会为我国建筑业的发展献计献策,进行深入的研讨和交流,进一步发挥建筑业在国民经济发展中的支柱产业作用。

座谈会上,建设部政策研究中心建筑业研究处处长李德全作了"中国建筑业支柱地位与转型发展战略"的报告;国务院国资委研究中心主任王忠明作了"中国企业打造品牌的国际化进程"的报告；国家发展和改革委员会投资研究所所长张汉亚作了"中国宏观经济发展与中国建筑业问题"的报告；中国社会科学院研究生院副院长李进峰作了"转型期中国建筑企业问题"的报告。

在三位专家的报告之后，五位企业家进行了精彩的讲演。中天建设集团有限公司董事长楼永良讲演的题目是"民营建筑企业的可持续发展之路"；陕西建工集团总公司总经理李里丁讲演的题目是"落实科学发展观、推进集团持续快速发展"；湖南省建工集团副总经理叶新平讲演的题目是"抨击最低价中标，推进建筑业健康发展"；河北建设集团副总裁陈列伟讲演的题目是"中国建筑企业竞争模式的提升与竞争力的发展"；安徽建工集团有限责任公司副总经理王元曦讲演的题目是"实施走出去战略、实现跨越式发展"。

企业家讲演之后，在陕西省建设厅监察室主任姚宽一的主持下，由河北建工集团总公司党委书记、董事长张秀明、山西建筑工程（集团）公司董事长张玉平、辽宁城建集团有限公司总经理管金文、中天建设集团有限公司副总裁赵向东、山东济宁市建委副主任常继双、大连市建筑业协会副会长兼秘书长于文华、中国建设报社专题部副主任刘伟等嘉宾就"抓住战略机遇，打造国际品牌"展开了精彩的对话。

本届论坛是由中国建设报社中国建筑企业高峰论坛理事会主办，中天建设集团有限公司承办的。

全国基坑工程技术高峰论坛在沪召开

2006年11月15日至18日，中国基坑工程技术高峰论坛——第四届全国基坑工程研讨会在上海召开。来自国内和香港等地区的多家著名高等院校、科研机构、及大型建筑设计、施工单位的350余位专家学者云集一堂，共同探讨了中国基坑工程领域的最新研究成果、发展趋势及热点难点问题，就国内和国际前沿的基坑工程技术的理论研究和设计施工技术进行了展示和交流，并为奥运会和世博会等重大工程的基础工程建设献计献策。

中国工程院院士刘建航告诉记者，深基坑工程是地下工程，也是一门新兴学科，事关建设工程基业之本。目前，建设项目急剧增多，建筑物、构筑物向高层空间和地下大幅扩展，深基坑工程也呈现出快速增加的趋势。基坑工程一般位于城市中心，地质条件和周边环境条件复杂，各种建筑物、构筑物、管线等密集，一有闪失就可能造成生命和财产的重大损失；同时，由于深基坑工程技术复杂，安全制约因素多，因此，加强对深基坑工程的安全施工管理和技术创新，保障工地施工人员、周边建(构)筑物及居民生命财产安全就显得日益重要。总之，基坑工程安全已成为我国建筑工程安全生产的重要影响因素。可喜的是，这些问题已经引起了有关方面的高度重视。

另据了解，随着上海世博会的筹办，近年来上海城市轨道交通系统的建设，大量大型高层建筑和地下空间工程的建设，使得上海在深基坑工程领域的研究与实践走在国内的领先行列，最深、最大、环境最为复杂的基坑工程均出现在上海、因此，本届基坑工程技术高峰论坛在上海召开更具有时代意义和实践价值。

"企业自主创新论坛"在京召开

10月10日，由北京市政协经济科技委员会、北京市科学技术协会共同举办的"企业自主创新论坛"在北京举行。近80位来自企业界、科技界的政协委员、企业高管及相关领域的专家学者就企业自主创新问题各抒己见，令人耳目一新。市政协主席阳安江、副市长赵凤桐、市政协副主席黄以云、市政协秘书长李建华、市科委主任马林、市政协经济科技委员会主任张嘉兴、市科协党组书记/常务副主席田小平、中关村管委会副主任任冉齐等领导出席了这次论坛。

时代集团总裁王小兰认为要建立以企业为主体，产学研相结合的技术创新体系，需要尽快建立连接企业与大学及科研院所的通道，实现"连泥带土"的科技成果转化，从而解决科技成果束之高阁的资源浪费问题。方正集团董事长魏新以生动形象的比喻阐述了政府与企业的关系："当企业在市场经济的大海中畅游时，政府不光要给企业救生圈，还要安上马达，让企业成为快艇，在海上加速前进，这样中国企业同样有希望成为世界级的企业。"中国惠普有限公司执行副总裁舒奇再次提出可持续发展与自主创新并重："去年美国最畅销书《世界是平的》中说，只要你高一点点，增加一个肥皂盒的高度，就能放眼全球。我认为对于企业来讲，这个肥皂盒就是创新。"

(王 佐)

中俄两国建筑业协会在京签署合作意向书

中国建筑业协会与俄罗斯建筑业协会于2006年11月10日在京举行了正式会谈。会谈就双方尽力促成各自成员参与中国、俄罗斯和其他国家的建设项目以及更好地促进企业间的经营合作达成共识。会上,中国建筑业协会会长郑一军与俄罗斯建筑业协会会长科什曼尼古拉·帕夫洛维奇(KOSHMAN NIKOLAY)共同签署了《中国建筑业协会与俄罗斯建筑业协会合作意向书》。

郑一军会长在会上说,我们对俄国同行一直怀有深厚的感情。签订两国建筑业的合作意向书是双方进一步密切合作的一个重要成果。他提出了六点建议:第一,要建立两个协会的高层定期会晤机制,建立一个这样的机制,对双方协会之间开展合作是重要的保证;第二,密切两国企业间特别是企业领导之间的互访至关重要,只有在增进了解、增进互信的基础上才能更好地开拓合作的领域。协会要很好地起到桥梁作用,采取多种形式来促进企业间的互相了解;第三,要加强信息交流。当前,可以把两国的建筑市场信息、可供合作的项目信息作为交流的重点。俄罗斯建筑业协会这次带来了一大批可供选择的合作项目,我们对此表示高度赞赏;第四,充分发挥双方协会的行业组织作用,促进企业深入开展关于改善经营管理、提高企业素质方面的经验交流。两国都有一大批一流的建筑施工企业,多年来积累了丰富的经营管理经验。企业之间只有加强相互间的交流才能更好地体现伙伴关系。在合适时机,两国建筑业协会可以举办一些企业合作论坛,增强互动双赢;第五,进一步增强协会间的交流工作,共同探索协会工作经验,更好地为企业服务;第六,随着双方合作的深入,双方协会都应为更多的企业在对方国家开展经营活动提供必要帮助,切实维护对方的合法权益。相信通过两国建筑业协会的共同努力,今后合作会有更好的发展天地。

当天下午,中国建筑业协会组织了中国建筑工程总公司等12家大型企业,以及中国建筑业协会材料分会、建筑机械管理与租赁分会负责人,与俄方就开展工程项目及建筑材料等合作进行了洽谈,并与俄方签署了会谈备忘录。

中国拟投资50亿美元在韩国济州岛建唐人街

中新网11月27日电综合报道,中国政府有意投资50亿美元,在韩国济州岛建立唐人街。

报道称,中国国务院国有资产监督管理委员会副主任金其洪一行,日前访问济州岛政府,听取对投资环境的介绍,并说明他们的唐人街构想。

对此,全权负责济州岛开发的济州国际自由都市开发中心(JDC)负责人金璟宅,以"愈多愈好"描述他对中国资金的渴望。

在JDC担任项目经理的朴载模(音译)说,中国商人最好能在这里买一大片土地,盖好房子再转售给中国富人。住宅区项目总投资额的两成,约1400亿韩元需从外国引入,而中国新兴富豪阶层正掀起投资和收藏豪宅的热潮。

除了建筑商,JDC还希望引进医疗企业,计划在济州岛建设令无数中国女人心动的整容业,设立韩国名气响当当的整容中心。

济州岛政府指出,"济州特别自治道(道相当于省)"成立以来,济州岛的投资环境发生变化,增加了投资振兴地区的指定对象项目,政府还免征十年地方税。

据悉,韩国政府今年7月1日批准济州岛成为"特别自治道"(相当于经济特区),拥有外交和国防之外的1060项行政权力,自治度大大高于韩国其他道和直辖市。

中国大陆第一座海底隧道进入海底施工

2006年12月7日,厦门翔安隧道施工即将进入海平面以下,其中进展最快的服务隧道已施工了1350米,超过总长的五分之一。

据介绍,翔安隧道总投资约为31.91亿元,工程全长8.695公里,其中隧道6.05公里,隧道最深处位于海平面下约70米,是我国大陆地区第一座海底隧道。建设单位将以海底钻爆法暗挖隧道方式穿越厦门东侧海域,自从去年9月6日开工以来工程总体进展顺利,目前服务隧道进展最快,已经施工了1350米,占总长的23%;左线行车隧道施工了1240米,占总长20%;右线行车隧道施工了940米,占总长16%。

我国建筑业承包商前三强年营业额均过千亿

以2005年总承包额计,我国建筑业承包商年营业额超过千亿元人民币的有三家企业,位列"中国承包商及工程设计企业双60强"榜单三甲。

由美国《工程新闻记录》和《建筑时报》联合推出的第三届"中国承包商及工程设计企业双60强"榜单,8日在上海公布。榜单显示,我国有21家承包商总承包营业额过百亿;有8家设计企业设计营业总额过10亿。三家过千亿的承包商分别是中国铁路工程总公司(1269.89亿元人民币)、中国铁道建筑总公司(1207.26亿元人民币)和中国建筑工程总公司(1051.21亿元人民币)。

新榜单反映出2005年中国建筑业的业绩增长情况:60家承包商总营业额从上年的7900多亿元增加到9300多亿元,增长幅度由2004年的24%下降到2005年的17%,呈放缓趋势。而60家工程设计企业总营业额从上年的259亿元增加到360多亿,同比增长42.7%,和2004年22.2%的涨幅相比可算突飞猛进。

据了解,承包商营业额涨幅回落与国家抑制投资过热的一系列宏观调控措施有关。日前国家信息中心经济预测部宏观经济形势分析课题组公布报告显示,自2005年以来,建筑业受投资增速回落影响,发展速度下降的趋势将延续。

在投资更趋理性的情况下,双60强企业表现出更加注重提高核心竞争力进而提升企业品质的发展趋势。排名数据显示,双60强企业的长期偿债能力均较强,近八成承包商资产负债率在61-90%之间,近七成的设计企业资产负债率在41%-90%之间。同时,双60强企业也表现出对自主创新能力以及技术储备能力的注重,总营业过百亿的承包商在研发投入上都达到5000万元以上;八成的设计企业在研发上的投入在1000万元到3000万元之间。

"第三届ENR中国承包商"排名如下(以2005年总承包营业额为依据,单位为百万人民币):

排名	企业名称	总承包额	排名	企业名称	总承包额
1	中国铁路工程总公司	126989.01	31	大庆油田建设集团	6508.88
2	中国铁道建筑总公司	120726.00	32	陕西建工集团总公司	6439.99
3	中国建筑工程总公司	105120.64	33	青岛建设集团公司	6160.35
4	中国交通建设集团有限公司	81437.78	34	成都建筑工程集团总公司	5807.66
5	中国冶金科工集团公司	66749.75	35	山西建筑工程(集团)总公司	5337.71
6	上海建工集团总公司	36621.33	36	河北建工集团有限责任公司	5240.00
7	北京建工集团有限责任公司	19311.20	37	浙江展诚建设集团股份有限公司	5207.52
8	浙江省建设投资集团有限公司	17607.76	38	安徽建工集团有限公司	5158.00
9	中国东方电气集团公司	17500.48	39	中厦建设集团有限公司	5016.32
10	北京城建集团有限责任公司	17391.75	40	福建建工集团总公司	4677.84
11	广厦建设集团有限责任公司	15915.00	41	五洋建设集团股份有限公司	4637.54
12	中国化学工程集团公司	14167.70	42	浙江舜杰建筑集团股份有限公司	4500.00
13	湖南省建筑工程集团	13500.00	43	金坛市建筑安装工程公司	4471.78
14	江苏南通三建集团有限公司	12216.28	44	中国石油工程建设(集团)公司	4458.35
15	四川华西集团有限公司	11857.59	45	通州建总集团有限公司	4308.65
16	上海城建(集团)公司	11755.90	46	黑龙江省建工集团有限责任公司	4224.84
17	江苏省苏中建设集团股份有限公司	11140.33	47	甘肃省建筑工程总公司	4206.56
18	中天建设集团有限公司	10774.52	48	中材国际工程股份有限公司	3947.91
19	中国机械工业集团公司	10536.60	49	广东新广国际集团有限公司	3900.96
20	江苏省第一建筑安装有限公司	10261.49	50	浙江国泰建设集团有限公司	3805.29
21	广东省建筑工程集团有限公司	10252.61	51	南通建工集团有限公司	3798.19
22	天津市建工集团(控股)有限公司	9288.00	52	苏州二建建筑集团有限公司	3562.07
23	山东电力基本建设总公司	8377.92	53	江苏省华建建设股份有限公司	3392.53
24	南通四建集团有限公司	8213.67	54	浙江八达建设集团有限公司	3349.07
25	龙元建设集团股份有限公司	7760.18	55	江苏弘盛建设工程集团有限公司	3157.40
26	浙江宝业建设集团有限公司	7527.89	56	中国水利电力对外公司	2858.23
27	广西建工集团有限责任公司	6960.88	57	上海宝钢工程建设总公司	2854.91
28	北京住总集团有限责任公司	6930.00	58	贵州建工集团总公司	2852.00
29	云南建工集团总公司	6678.05	59	大连金广建设集团有限公司	2602.05
30	正太集团有限公司	6546.87	60	武汉新八建筑集团有限公司	2281.26

阿联酋将在俄建成世界最大社区

阿拉伯联合酋长国一家房地产开发商3日宣布，打算在俄罗斯首都莫斯科附近地区建造一座占地面积约1.8万公顷的社区。这项浩大工程首期投资110亿美元，号称世界上规模最大的建筑工程之一。

阿联酋开发商"无限"公司当天的书面声明说，公司将与一家俄罗斯企业合作建设名为"大多莫杰多沃"的工程。一期工程将建造15万套住宅和商业建筑，占地面积3000公顷，预计明年下半年动工。

声明说，工程将包括超高层建筑和低层公寓，其中包括一些俄政府批准建造的经济适用房。全部工程完工后，"大多莫杰多沃"将成为包括住宅、商业企业，以及教育、休闲、娱乐设施在内，功能齐全的庞大社区。

※ 考试信息 ※

2007年一级建造师考试时间已定

日前人事部一下发了《2007年度专业技术人员资格考试工作计划》的通知(国人厅发[2006]147号)，根据通知的安排一级建造师考试时间是9月15、16日两天。

这次考试是建造师执业资格考试制度施行后的第四次考试，前三次考试时间因多种原因都与计划的时间不一致，广大考生期盼本次考试的时间不要再发生改变。据有关行业人士分析，本次考试要执行新的考试大纲，大纲的调整会对考试时间造成一些影响，建议广大考生不要急于购买现行的考试资料，等大纲修改后再准备考试。并敬请随时关注中国建筑工业出版社考试用书出版信息及我刊的相关报道。

※ 政策法规 ※

建设部建筑市场司发布关于征求《注册建造师执业工程规模标准》意见的函

(建市监函[2006]84号)

我部印发的《关于建筑业企业项目经理资质管理制度向建造师执业资格制度过渡有关问题的通知》(建市[2003]86号)规定："建筑业企业项目经理资质管理制度向建造师执业资格制度过渡的时间定为五年，即从国发[2003]5号文印发之日起至2008年2月27日止。""过渡期满后，大、中型工程项目施工的项目经理必须由取得建造师注册证书的人员担任。"我部起草的《注册建造师管理规定》(草案)中明确："注册建造师的具体执业范围按照《注册建造师执业工程规模标准》执行。""未取得注册证书和执业印章的，不得担任大中型建设工程项目的施工单位项目负责人，不得以注册建造师名义从事相关活动。"

为此，我们将起草的《注册建造师执业工程规模标准》(征求意见稿)送你们征求意见，请于2007年1月20日前将书面修改意见送建设部建筑市场管理司。同时，该《标准》在建设部网站上刊登，广泛征求社会各方面意见。征求意见时间为12月10日至2007年1月20日。网址为：www.coc.gov.cn。

建设部确定"十一五"工程质量管理重点

建设部副部长黄卫日前在全国工程质量管理工作会议上说，"十一五"期间，我国工程质量管理工作要突出抓好三大重点工程领域质量监管，即积极推进村镇建设工程质量管理工作；继续强化住宅工程质量监管；强化政府投资工程、特别是大型公共建筑质量安全监管工作。

黄卫强调，"十一五"期间，我国工程质量管理工作要以转变政府职能为前提，以落实建设活动各方责任为重点，以创新工程质量管理机制为保障，在突出抓好三大重点工程领域质量监管的同时，抓好四个方面的工作：一是着眼于资源节约型社会建设，丰富调整工程质量监管内容。要着力加强建筑节能监管工作，强化监管，确保各环节有效落实节能措施；要高度重视工程全寿命周期质量安全管理工作，逐步形成工程全寿命同期质量安全监管机制。

二是着眼于进一步提高监管效能，不断创新工程质量监管机制。结合形势发展的客观要求，正确处理好政府和企业、全过程监管和环节监管、行为监管和实体监管、监督执法和服务引导的关系。重点建立和完善市场与现场联动的监管机制、全过程的质量监管机制、差别化监管机制、质量诚信评价机制、工程质量保险机制等五个机制的建设。

三是着眼工程质量管理基础建设，构建工程质量管理"六个体系"。即法律法规和技术标准支撑体系、企业质量保证体系、科技技术创新体系、人才保障体系、培训教育体系和中介机构服务体系。

四要着眼市场支撑能力建设，营造良好的工程质量管理政策环境。加快推进现代建设市场体系建设，加快调整设计施工生产组织方式，进一步整顿规范市场秩序，加快推进建筑企业组织结构调整，严格监督执法，明确质量监督机构的执法责任和权限，纳入政府管理序列。

建设部发出通知要求　做好今冬明春安全生产防灾工作

建设部近日发出通知，要求进一步贯彻落实全国安全生产暨煤矿整顿关闭工作电视电话会议精神，做好今冬明春建设系统安全生产、综合防灾和应急管理工作。

通知指出，今年以来，全国建设系统安全生产事故起数和死亡人数与去年同比均有下降，但一次死亡3人以上的重大事故仍时有发生。为此，通知要求：

加强冬季建筑施工安全监管。进一步强化企业安全生产许可证的动态监管，严格禁止未取得安全生产许可证的施工企业擅自进行建筑施工活动。加大对安全违法行为的处罚力度，对今年以来发生重大事故责任单位和责任人的处罚要依法尽快结案。进一步抓好建筑施工安全专项整治工作，确保实现全年高处坠落事故比例下降目标。强化培训教育，积极组织施工企业法定代表人学习刑法修正案，全面落实施工企业安全生产主体责任。重点监控事故高发地区、高发企业，督促各施工企业完善并认真落实现场冬季施工安全措施。

加强工程全生命周期质量安全管理。进一步加强对房屋建筑、城市桥梁、隧道(地铁)、建筑幕墙(包括玻璃、石材幕墙)等工程的监管，查找隐患，落实整改措施。认真组织各类危旧房屋的排查工作，对排查出的危险房屋，要督促房屋产权人及使用人依法采取处理使用、停止使用和整体拆除等措施，确保使用安全。北方地区要督促房屋的产权人、使用人和管理单位及时清扫大跨度轻型屋盖积雪，防止发生垮塌事故。

确保城镇供水排水安全，强化城镇燃气安全监管，做好城市公共交通安全运营服务工作，做好风景名胜区、城市公园的安全管理工作，加强城乡综合防灾工作，健全应急处理机制。

建设部要求认真贯彻实施《建筑施工机械租赁行业管理办法》

近日，建设部办公厅颁发了《关于转发＜建筑施工机械租赁行业管理办法＞的通知》(建办市[2006]82号)。通知要求各地在履行建筑市场监管职能中，注意发挥行业协会的行业管理与自律作用，推动建筑机械租赁市场的培育和健康发展，确保建设工程质量安全。

近些年来，随着我国建筑业改革的不断深化和建筑市场体系的逐步完善，建筑施工机械租赁活动日趋活跃。但由于缺乏必要的约束和规范，在建筑施工机械租赁活动中也出现了诚信缺失、信息不畅、"带病"机械租赁等问题，不仅引发了不少经济纠纷甚至法律纠纷，还造成了各种机械设备事故不断，危及了人身和财产安全。因此，对建筑施工机械租赁实行在行业自律基础上的行业管理，组织对从事建筑施工机械租赁活动的企业进行行业确认、行业信用评价，对服务质量或社会信用差的企业施以必要的行业惩戒，组织拟订建筑施工机械租赁合同文本，建立建筑施工机械租赁信息平台，并依法维护租赁双方的合法权益等，对于维护建筑机械租赁市场秩序，保证工程质量和施工安全，都具有十分重要的意义。

中建协希望各地、相关行业建筑业(建设)协会在各级建设行政主管部门的指导和支持下，高度重视并认真做好建筑机械租赁行业管理工作，并将实施中的建议告知中建协秘书处行业发展部、机械管理与租赁分会。中建协将组织制定有关实施细则，并组织开展宣传贯彻工作。

建设部发布新规要求　招标不得借预审排斥潜在投标人

今后，10万平米以上的住宅小区在招标过程中，招标人不得通过资格预审，排斥潜在投标人。同时，招标文件应明确未中标人的补偿标准和方式等内容。

2006年11月22日，建设部发布了《大中型建筑工程项目方案设计招投标管理办法》(征求意见稿)。今后，凡是按国家或地方政府规定的重要地区或重要风景区的主体建筑项目；或者建筑面积10万平方米及其以上的住宅小区项目等，必须严格履行招投标规定。而目前，在一些大型项目中，一些招标方"量身定做"招标条件，从而让标的落入自己的利益集团，从而导致招标成了走过场。

规定要求，投标文件有下列情况之一的，作废标处理或被否决：暗标投标书中作了不应有的标记的；与其他投标人串通投标，或者与招标人串通投标的；以他人名义投标，或者以其他方式弄虚作假的；未按招标文件的要求提交投标保证金的。

两部委联合对部分中央建筑施工企业开展安全生产专项督查

针对今年部分中央建筑施工企业安全生产事故多发的状况，2006年11月23日~12月3日，国资委、安全监管总局联合组织两个督查组分别对8个中央建筑施工企业进行了安全生产督查。受检的企业有中国建筑工程总公司、中国铁路工程总公司、中国交通建设集团公司、中国水利水电建设集团公司、中国铁道建筑总公司、中国冶金科工集团公司、中国有色矿业集团有限公司、中国葛洲坝集团公司。督查涉及8个中央企业在江苏、浙江、福建、江西、湖北、湖南、广东、四川等8个省份、11个市的14个重点工程项目，督查的范围涵盖了道路、桥梁、隧道、水利枢纽、工业厂房、市政及民用建筑等工程类别。督查的重点是贯彻党的十六届六中全会精神，落实全国安全生产暨煤矿整顿关闭电视电话会议各项要求的各项情况，做好今冬明春安全生产工作的准备情况等。

※※ 各地资讯 ※※

北京：进京施工企业信用评价全面开始

2006年12月1日，进京施工队伍信用评价工作全面启动。该项工作将历时一个月时间，于2007年1月10日结束。

开展对进京施工队的信用评价，是对进入首都建筑市场的施工作业队在施工生产和经营管理过程中执行法律、法规、政策及行业自律规定等方面，履行各项合同的能力及以往施工中企业行为记录综合评价的基础评价工作。

日前从北京建筑业人力资源协会获悉，人力资源协会和各区县建筑业协会联合已向全北京市的建筑行业发出倡议，号召全市各建筑企业集团、总承包企业、专业承包企业、外地进京施工企业和劳务公司；要大力营造诚信建设的企业文化，携手共建"诚实守信、和谐发展"的行业自律机制；提倡首都建业"优先使用信用评价优秀企业，不使用没有信用的企业"的行业自律机制；号召外地进京企业积极申报和参加由北京市建筑业联合会和建筑业人力资源协会组织的一年一度的"外地进京施工作业队伍信用评价"活动。倡议书中提出：推进行业自律和诚信体系建设是整顿规范建筑市场的迫切要求，是建立和完善市场机制的重要内容，也是规范市场经济秩序的治本之策，更是建设和谐社会的基础，携手共建行业诚信体系是所有在京和进京建筑施工企业的共同义务和责任。

这次信用评价范围是外地进京的劳务分包企业施工作业队。据悉北京建筑业人力资源协会每年度开展一次的信用评价，评价时间从施工队伍入场至第二年春节前(或施工任务结束)。通过对质量工期、安全管理、作业队规模等七个方面的综合考评，将施工队信用等级评价结果分为特A级、A级、B级、C级、D级五个等级。进京劳务分包企业施工作业队自主申报，经过企业申报、初审推荐、复审评定、评定公示四个阶段。在评审委员会对企业的各项指标综合考评结束后，对劳务分包企业施工作业队的评定结果，向北京市及各省市建设主管部门、全市建筑企业集团、总承包企业、各省(市)驻京建管处、各区县建筑业行业协会发布，通过网络和媒体向社会公布，并由北京建筑业劳务企业信用评审委员会和北京建筑业人力资源协会颁发《北京建筑业施工作业队信用等级证书》。

南京：担保业协会给担保机构自身做信用评价

南京市担保业协会为更好地与银行开展中小企业融资合作，近期该协会联合有关信用评级机构，给担保机构自身做信用评级。

南京市担保业协会是由5家机构发起成立的，共吸纳了34家担保机构成为会员。南京市发改委有关人士介绍说，近年来，南京担保机构数量和资金实力日益发展壮大，对中小企业的发展支持作用越来越重要。据统计，今年上半年，南京重点担保机构的业务总量达15亿元，推动中小企业总投资39亿元，帮助相关中小企业新增利润4.5亿元，税收3.9亿元，增加就业8902人。

但有关人士也坦言，担保业在成为朝阳行业的同时，一些问题也在困扰着其发展。一方面社会信用环境不佳，而国有专业银行的商业化使得他们自身风险控制的能力增强；另一方面，信用担保行业作为新兴行业，其功能定位和资信程度等还没有被银行完全认识。

针对这两个现实问题，该协会成立初期，就将在"信用"这一关键问题上有所动作。协会将联合有关信用评级机构，开发信用评级方法，首先开展对担保机构自身的信用评级工作。

河南：建设厅下发通知 雨雪天建筑企业禁止施工

确保冬季施工安全，预防和遏制重大事故的发生，日前，河南省建设厅下发了《河南省建设厅关于切实做好冬季建筑施工安全生产工作的通知》（以下简称《通知》）。《通知》规定，针对冬季建筑施工安全生产的特点，以防冻、防滑、防火、防风、防煤气中毒、防触电为防范重点，认真抓好冬季安全生产工作。加强对节日、风雨雪前后和停工复工期间的检查。加强对临时用电、临时设施、脚手架搭拆、料具仓库和职工宿舍的管理，严防触电、坍塌、失火和中毒事故。在遇到大风、雨、雪等恶劣天气时应立即停止室外作业。

企业要加强对作业人员生活区的管理，严禁将未完工的工程作为住宿场所，职工宿舍要采取安全可靠的保温及采暖设施，保持良好的通风条件，并明确专人管理，严禁明火取暖和乱拉、乱接电器，防止火灾、煤气中毒和触电事故的发生。

山西：拖欠工资建筑和劳务企业三年内不得进市场

近日，山西省劳动和社会保障厅、省建设厅、省工商局联合发出公告，对恶意拖欠工程款和携款逃跑的行为，将痛下狠手，彻底清查。

建设、劳动和工商部门决定，立即在全省开展以打击恶意拖欠工程款和恶意拖欠进城务工人员工资的专项行动。对存在恶意拖欠工程款、携款逃匿、恶意拖欠工资等造成群体性事件的行为进行坚决打击。公安部门将参与打击携款逃匿行为，确保进城务工人员在春节前足额领到工资。

对不按照合同约定支付工程款的建设单位和恶意拖欠农民工工资的施工单位，建设行政管理部门将责令其停产整顿，对在建工程收回施工证；对已竣工工程不予验收，不得投入使用。对于存在拖欠工资行为的建筑企业和劳务承包企业，三年内不得进入山西的建筑市场。

工商行政管理部门将加强对建设单位中的企业法人和施工单位的监督管理，对不按照合同规定支付工程款和恶意拖欠农民工工资情节严重的企业，根据建设行政管理部门的建议，依法吊销其营业执照。

用工单位是支付农民工工资的第一责任人，须按照合同约定足额支付农民工工资。对拒不支付农民工工资的单位，不得参加新项目的投标；属于外埠企业的，取消其入晋承包工程的资格，并通报企业所在地政府；属于工程项目负责人原因造成拖欠工资的，建筑企业必须无条件支付，并由建设行政管理部门对其项目经理进行相应处罚；属于分包单位负责人或"包工头"恶意拖欠工资或携款逃匿的，发包单位应承担责任，先行垫付工资，并由公安部门追究携款逃匿有关责任人的刑事责任。

随州：实施工资保障金制度 3万建筑民工工资不再愁

湖北省随州市建筑领域3万农民工再也不用为被拖欠工资发愁了。12月1日，该市在建筑领域开始实施工资保障金制度，保障农民工工资按时发放。

随州市中心医院综合办公楼由湖北省三建公司承建，工地有几百名民工。11月，中心医院向劳动和社会保障局缴纳工资保障金20万元，如果该工程发生拖欠民工工资行为，经劳动部门核实后，下达限期改正指令书，逾期未支付的，拖欠工资直接从20万元保障金中支付。民工对此拍手叫好。

为改变建筑行业拖欠民工工资比较突出的现状，随州市决定建立工资支付保障制度，凡在该市境内从事建筑业的企业，在申领《施工许可证》前，必须向当地劳动保障行政部门缴纳一定数额的工资支付保障金。工程完工后，经劳动部门调查核实，没有拖欠民工工资情况的，劳动部门将企业缴纳的工资支付保障金本息全额返还。

内蒙古：优化产业结构不再批设国有独资建筑企业

内蒙古自治区政府日前出台《关于加快全区建筑业改革与发展的若干意见》，要求各地要调整优化建筑业产业结构，加强市场监管，进一步规范市场秩序。

据了解，目前内蒙古自治区有近千家建筑企业，拥有50万从业人员，接纳农村剩余劳动力40余万人，2005年全区建筑业实现增加值295亿元。

全区建筑业改革与发展的目标是：到2010年实现增加值600亿元左右，从业人员达到80万左右，吸纳农村剩余劳动力60万人以上，区内建筑业企业在区内建筑市场的占有份额力争提高到60%以上。今后，自治区不再批准设立国有独资建筑业企业。

西宁：建筑节能工作受到建设部检查组好评

经过历时三天的检查，2006年12月7日，建设部建筑节能检查通报会在青海宾馆召开。会上，建设部建筑节能稽查特派员杨红宝代表检查组，对我省的检查情况进行了通报，检查组在通报中对西宁建筑节能工作所取得的成绩予以了充分肯定。

近两年来，我市强化建筑节能行政监管，成立了专门领导机构，严格施工图纸设计文件节能审查，对不符合节能要求的施工图纸设计返回建设单位、设计单位补充修改。强化在施工、竣工验收等环节建筑设计标准的行政监管，认真贯彻落实国家建筑节能的有关政策法规、标准和建设部及建设厅关于推行建筑节能的管理措施和要求，在规划管理、施工图审查、施工许可、建设质量监督、竣工验收备案等环节严格把关。

与此同时，制定了建筑节能的一系列政策法规；编织了建筑节能"十一五"规划纲要；认真落实建筑节能激励政策，凡在我市行政区域内经认定节能达到标准的建筑，给予降低采暖费收费标准优惠。我市认真执行节能技术标准，限制淘汰落后技术，推荐上报了一批节能新技术、新产品；组织专家完成了《建筑工程墙外保温标准图集》等相关图书资料；完成了供热体制改革；关停并转了一批粘土砖厂，启动了新型墙体保温材料项目建设。

开封黄河大桥建成通车施工建设创下五项全国第一

大(庆)广(州)高速公路河南段标志性建筑——开封黄河大桥，近日建成通车，这座黄河大桥的建设在五个方面创下了全国第一。

开封黄河大桥是大广高速公路上的一座重要桥梁。大桥于2004年9月开工建设，为七塔八跨预应力双索面矮塔斜拉桥，总投资约20亿元，全长7.8公里，主桥长1010米，桥宽37.4米。该桥建设创下了五个全国第一：一是桥的长度及其七座塔的桥式和八桥跨的连续数量，在国内居第一，在世界上居第二，仅次于美国的一座九塔桥。二是国内第一次采用了由日本引进的环氧填充型钢绞线斜拉索体系，作为主桥斜拉索。三是国内第一次在主桥鞍座部分采用耐老化、高强度的HDPE分丝管结构，目前正在申请国家专利。四是支撑桥塔的支座第一次采用万吨抗震球形支座，目前国内其他同类桥梁支座均达不到万吨。五是国内第一次在50米T梁安装时采用双固定墩结构。

青岛海湾大桥主体工程月底开工

2006年12月2日，青岛海湾大桥项目开标会议在青岛召开，大桥土建工程第十合同段的施工和监理招标完成。此前大桥施工栈桥已开工建设，大桥其他合同段的招标也已展开，预计大桥主体工程月底开工。

青岛海湾大桥全长28.047公里，其中跨海大桥25.171公里。主桥桥宽35米，双向四车道，设计行车速度80公里/小时，工程概算投资90.4亿元，建设期3.5年。青岛海湾大桥是国家高速公路网青岛至兰州高速公路的起点段，是山东省"五纵四横一环"公路网主框架的重要组成部分，是青岛市规划的胶州湾东西两岸跨海通道"一路、一桥、一隧"中的"一桥"。大桥建成后，驾车从青岛老城区到黄岛新城区将从现在的一个多小时缩短到十分钟左右。